玻璃纤维管混凝土柱轴压性能研究

惠 存 著

中国建筑工业出版社

图书在版编目（CIP）数据

玻璃纤维管混凝土柱轴压性能研究／惠存著.
北京：中国建筑工业出版社，2024. 10. -- ISBN 978-7-
112-30508-7

Ⅰ. TU375. 302

中国国家版本馆 CIP 数据核字第 2024605BB3 号

玻璃纤维（Glass fiber reinforced polymer，简称 GFRP）管是一种由多股连续纤维按一定角度缠绕而成的新型管材，具有轻质高强、耐腐蚀性强、耐高温、抗蠕变和施工简便等优点。近年来，对再生混凝土的研究已成为学术界和工程界的热点问题，再生混凝土的应用也大大减少了对天然骨料的开采，提高了资源利用率，具有良好的经济效益和环保效益。GFRP 管混凝土柱不仅能有效发挥再生混凝土的绿色环保特性，也能充分发挥高强普通混凝土的力学特性，同时也充分利用了 GFRP 管的优点，提高了构件的强度和耐久性能。

责任编辑：王华月　张　磊
责任校对：赵　力

玻璃纤维管混凝土柱轴压性能研究

惠　存　著

*

中国建筑工业出版社出版、发行（北京海淀三里河路 9 号）
各地新华书店、建筑书店经销
北京光大印艺文化发展有限公司制版
建工社（河北）印刷有限公司印刷

*

开本：787 毫米×1092 毫米　1/16　印张：7¾　字数：151 千字
2024 年 10 月第一版　　2024 年 10 月第一次印刷
定价：**48. 00** 元
ISBN 978-7-112-30508-7
（43748）

前 言
FOREWORD

　　玻璃纤维（Glass fiber reinforced polymer，简称 GFRP）管是一种由多股连续纤维按一定角度缠绕而成的新型管材，具有轻质高强、耐腐蚀性强、耐高温、抗蠕变和施工简便等优点。近年来，对再生混凝土的研究已成为学术界和工程界的热点问题，再生混凝土的应用也大大减少了对天然骨料的开采，提高了资源利用率，具有良好的经济效益和环保效益。GFRP 管混凝土柱不仅能有效发挥再生混凝土的绿色环保特性，也能充分发挥高强普通混凝土的力学特性，同时也充分利用了 GFRP 管的优点，提高了构件的强度和耐久性能。

　　本书分为 7 章，由中原工学院惠存统稿。第 1 章介绍了玻璃纤维管混凝土和钢管混凝土的发展和应用现状；第 2 章对 GFRP 管混凝土柱轴压性能试验进行了方案设计；第 3 章对 GFRP 管高强普通混凝土柱轴心受压性能进行了试验研究，对其破坏形态、特征荷载、特征位移、应变结果进行了对比分析；第 4 章对 GFRP 管再生混凝土柱轴心受压性能进行了试验研究，对其破坏形态、特征荷载、特征位移、应变结果进行了对比分析；第 5 章分析了 GFRP 管的屈服准则，对其轴压承载性能进行了分析，并提出了简单实用的承载力计算公式；第 6 章建立了 GFRP 管混凝土柱轴心受压试件的有限元分析模型，并将模拟结果与试验结果进行了对比分析；第 7 章对本书进行了总结，展望了 GFRP 管混凝土柱的未来发展。

感谢国家自然科学基金（52208226）、河南省重点研发专项（241111322000）、中原工学院优秀科技创新人才支持计划（K2023YXRC05）等项目的资助和支持，感谢海然、刘俊霞、程学磊、杨飞老师在本书撰写过程中提出的宝贵意见，感谢李中涛、唐兵等硕士研究生完成的试验和图表的绘制。

由于作者水平所限，书中难免存在不妥之处，恳请读者批评指正。

目 录
CONTENTS

第 1 章

绪论

1.1 研究背景及意义

钢筋混凝土结构自诞生以来，在工程建设领域一直处于重要的地位，钢筋混凝土结构把混凝土和钢筋优点有效地结合在一起，改变了单一结构所带来的缺点，具有承载力高、刚度大、耐久性和防火性能好的特点，但钢筋混凝土结构自重较大，给工程施工带来了一定的难度，另一方面是其抗裂性较差，对于一些不允许出现裂缝的结构中，其很难满足要求或为满足要求大大提高了工程造价。随着经济的快速发展，人们对建筑要求在不断提高，我国工程建设也在不断创新，各种高层、超高层、大跨度空间及沿海工程层出不穷，这就要求建筑物的承重柱不仅要有足够的强度还要有一定的变形能力，钢管混凝土柱由此被提出且满足这一要求。

近年来，我国工程建设规模越来越大，混凝土用量不断地增加，国内混凝土年用量已达到全球年产量的一半以上，对天然砂石的需求量每年超过了120 亿 t。由于对天然骨料的大量开采，不仅对资源造成了永久性伤害，还对生态环境造成了严重破坏，打破了人与自然的和谐相处。另外，每年有大量旧的建筑物被拆除，造成了大量的建筑垃圾，在对其处理过程中，不仅降低了土地资源利用率，也严重地影响了生态环境，见图 1-1。目前，我国面临的问题有：一方面是对天然砂石资源的过度开采，再者就是对大量废弃混凝土的处理，所以在这种情况下，学术界和工程界对废弃混凝土进行二次处理，使其成为可以利用的再生骨料，不仅减轻了对天然砂石的过度开采，也有效地解决了建筑垃圾所造成的环境污染问题。学术界对再生混凝土的研究一直是一个热门话题，再生混凝土技术的应用与发展是建筑垃圾资源化和可持续发展的重要措施。

（a）污染环境

（b）开采砂石

（c）滑坡泥石流

图1-1 生态破坏和地质灾害

　　钢管混凝土结构顺应建筑需求，是在钢筋混凝土的基础上逐步发展起来的。混凝土由于被钢管约束，其受力机理发生明显的改变，即处于三方向受压状态，故其承载和变形能力得到了较大的提升，同时内部混凝土也较大程度地防止了钢管的屈曲破坏，从而构件的整体强度得到了大幅提升，而且该构件施工简单，具有良好的经济和技术效益，应用范围越来越广，见图1-2。

　　钢管混凝土存在一个普遍的现象，即随着时间增长，其受外界环境的侵蚀越来越显著，最直观的现象就是表面锈蚀，导致其承载力下降，后期维护比较困难且成本较高，并且大直径钢管的用钢量较大，重量较重，其加工成本相对较高。所以，学术界提出了一种新型约束材料—纤维增强复合材料（Fiber reinforced polymer，简称FRP），耐腐蚀性强是该材料的独特优势，本书所研究的玻璃纤维管材正是其中的一种，Mirmiran是最早将该种材料与混

（a）赛格广场

（b）广州国际金融中心

（c）巫山长江大桥

图 1-2 钢管混凝土工程应用

凝土相结合的（图 1-3）。玻璃纤维管作为一种新型管材来约束混凝土，具有轻质高强、耐腐蚀性和耐水性强、热膨胀系数和混凝土相近、抗震性能好，适用于较恶劣环境的特点，而且玻璃纤维管轻质高强的特点也大大降低了工程的施工难度，有效地解决了钢管混凝土所带来的弊端，且对内部混凝土的约束作用较好。玻璃纤维管抗腐蚀性强是其最突出的优点，在腐蚀性较高的工程中，如沿海工程，能够有效抵抗外界因素的干扰，混凝土的耐久性得到了大幅度改善。因此，玻璃纤维管约束混凝土柱能够充分发挥玻璃纤维管的优点，增强构件的适用性。

图 1 - 3　玻璃纤维管

　　玻璃纤维增强复合材料与混凝土组合结构近年来已经引起国内外工程界学者的广泛关注,在桥梁、水利、电力、近海、地下等结构工程中具有巨大的应用潜力。玻璃纤维增强复合材料是一种由玻璃纤维材料与基体材料按照一定的方式加工而成的高性能复合材料。它是一种经济复合材料,具有轻质、高强、绝缘性能优良、耐久耐腐、施工便捷且热膨胀系数接近混凝土等特点。

　　综上所述,玻璃纤维管混凝土柱作为一种新型结构构件可以有效改善钢管混凝土结构所带来的弊端,大大提高了结构的适用性和安全性,是现代工程结构研究的重要课题之一。当前对玻璃纤维管混凝土柱轴压性能的研究处于初步阶段,成果较少,本书按照试验到理论分析的研究模式,通过玻璃纤维管混凝土柱轴压性能的试验研究,对不同直径和不同混凝土强度等级玻璃纤维管混凝土柱轴压性能进行理论分析和数值模拟,对建立科学合理的玻璃纤维管混凝土柱的设计理论与方法提供重要依据,为以后工程应用打下坚实基础。玻璃纤维管混凝土结构具有重要的应用价值和广阔的发展前景,因此,对其研究很有必要。

1.2　国内外研究现状及存在问题

　　国际上对纤维增强复合材料的应用认识始于 GFRP。1942 年美国首次将GFRP 作为雷达的天线罩应用于军事中。1958 年中国清华大学设计开展了

GFRP 筋代替钢筋的梁的受弯试验，标志着中国最早关于纤维增强复合材料在土木应用中的研究。1970 年后中国出现关于 GFRP 桥梁的研究，同时期，美国的纤维增强复合材料活跃于运动产品工业和少量的航空航天应用。1982 年美国建成一架由碳纤维复合材料和玻璃纤维复合材料两种材料制成的简支桁架公路桥，纤维增强复合材料作为耐腐蚀的建筑材料得到了美国联邦公路局和美国国家科学基金会的认可和重视，关于纤维增强复合材料的研究在美国迅速发展。1980 年代中期，美国将研究对象聚焦在亟待解决的公路桥结构退化问题，研究主要集中在纤维增强复合材料桥梁板和纤维增强复合材料作为混凝土板的增强材料的应用。同时期的中国也致力于新型结构材料的研究，1982 年中国北京密云见证了第一个将纤维增强复合材料用于公路桥的案例，桥梁跨度 20.7m、宽 9.2m，由呈蜂窝状的 GFRP 板构成箱型梁。桥梁使用一年后，由于蜂窝结构的不稳定性和局部屈曲，导致桥梁出现局部凹陷。1987 年该 GFRP 桥梁被加固成 GFRP -混凝土组合梁，至今服役良好。1991 年美国成立了 ACI（American Concrete Institute）第 440 委员会，当纤维增强复合材料在一些国家还是新生材料时，ACI440.2R - 02 悄然问世，成为纤维增强混凝土结构设计与加固的权威规范。1990 年代，中国引入钢筋混凝土结构外部粘结纤维增加复材板或片的技术，开启了关于纤维增强复合材料系统性研究的步伐。1998 年中国土木工程协会成立纤维增强复合材料建设委员会，之后关于纤维增强复合材料的研究在中国崛起。伴随着 1994 年洛杉矶 Northridge 地震，纤维增强复合材料用以抗震加固的研究在美国兴起，但 1990 年后期到 2000 年代，美国的研究兴趣又回归到了车载桥梁。1998 年，西弗吉尼亚州的 Mackinleyville 桥建成通车，成为美国第一座使用 GFRP 筋增强桥面板的公路桥。2000 年代，美国有超过 300 座纤维增强复合材料人行桥和约 50 座采用纤维增强复合材料作为桥梁板或桥墩的高速公路桥采用。2000 年代后，中国涌现大量关于碳纤维的研究。中国工程界逐渐认可纤维增强复合材料，并运用到钢结构、木结构、砌体结构的加固工程中。2010 年，中国颁布《纤维增强复合材料建设工程应用技术规范》GB 50608—2010。2012 年，美国颁布 ACI440.R - 12 规范，用于指导纤维增强复合材料加固和修复混凝土结构。

印度作为中国的邻国，与中国同处于经济技术发展大潮中，关于纤维增强复合材料的研究与中国起步相近。1940 年印度的纤维增强复合材料主要应用于航天航空和国防工业，而今已遍布航空航海、汽车和电力工程等众多领域。起初印度关于纤维增强复合材料的发展相对比较缓慢，且材料市场规模较小。但随着造价逐渐降低，高性能纤维增强复合材料在印度土木工程中得到广泛应用，特别是由于印度存在大量抗震缺陷的建筑以及具有长海岸线和长季风季节的地理特点促进了纤维增强复合材料成为优良的防腐蚀性结构材料得以应用和发展。将纤维增强复合材料用以桥梁、房屋梁柱的加固耐久的应用在印度比比皆是。印度 Mumbai 一所著名的医院，采用 GFRP 加固已有五层建筑结构的柱子以承受额外两层加建建筑的荷载。印度采用纤维增强复合材料复原 South Central Railway 的 Vijayawada-Visakhapatnam 段一座钢板桥梁竖向开裂的石桥桥墩，为印度铁路节省了 6.93 千万卢比。

在世界其他一些国家和地区，GFRP 早期经历了不同程度的发展和应用。日本关于纤维增强复合材料的研究始于 1970 年代，其应用主要包括桥梁、房屋建筑、隧道、烟囱以及电杆、电缆轨道等等，其中桥梁和房屋建筑占据了主要市场，并常见于桥梁码头以及房屋的梁、柱、板的加固的应用，日本关于纤维增强复合材料的研究和应用主要集中于 CFRP。1986 年，德国的杜塞尔多夫竣工完成世界首座 GFRP 筋预应力拉索桥，见证了欧洲关于纤维增强复合材料在混凝土结构中的应用和发展。1995 年，英国建造了欧洲第一座全部采用 GFRP 配筋的人行桥，桥板双向配有双层 GFRP 筋，直径为 5mm。1997 年，欧洲 9 国联合开展《高性能纤维复合材料加固混凝土结构设计指南》项目，代表着欧洲关于纤维复合材料加固混凝土结构的认可与支持。同期的加拿大也为纤维增强复合材料的发展作出了积极的举措，1991《加拿大高速公路桥设计规范》中加入了纤维增强复合材料相关的理论设计方法，并于 1995 年成立专家委员会（ISIS），推动纤维增强复合材料在钢筋混凝土结构加固中的应用。1997 年，Joffre 桥落成于加拿大魁北克省，该桥以 GFRP 筋用于桥体人行通道和防护栏杆以及以 CFRP 筋作为桥面板配筋，促进了早期 GFRP 作为结构材料的应用。

1.2.1　钢管混凝土柱承载和抗震性能研究

钢管混凝土结构自被提出以来，其在工程中的应用已有 120 年之久，我国对其研究应用也有近 50 年的历程。目前，学术界对钢管混凝土的研究已较为成熟，对钢管混凝土构件的轴压、抗弯、抗剪、抗扭和抗震性能等作了一系列研究。

（1）轴压性能

对钢管混凝土柱轴压性能的研究，是最基本的，同时也是最重要的，通过对钢管混凝土柱轴压承载力和变形性能的研究，能较为清晰地了解其受力机理和破坏特征。通过阅读相关文献，总结了部分国内外学者在钢管混凝土柱轴压性能方面的研究，见表 1-1、图 1-4。

钢管混凝土柱轴压性能研究　　　　　　　　　　　　表 1-1

年份	作者	研究对象	试件数量/个	主要结论
2014	王志滨	圆钢管混凝土短柱	17	钢管对内部混凝土约束作用较好，纵向横隔板或对拉板的设置能大幅度提高构件的承载力和减缓管壁的局部的屈曲
2020	Hong	圆形双钢管混凝土短柱	32	混凝土强度是影响构件整体强度的关键因素，当混凝土强度提高 1.5 倍时，柱子的极限强度提高 0.59 倍，但延性下降得很快
2013	陈宗平	钢管再生混凝土短柱	22	该构件在破坏形态上与普通混凝土构件无明显差异，套箍率是影响其承载变形能力的关键因素，其强度受再生混凝土取代率影响较小
2018	胡红松	方钢管混凝土柱	5	所推导出的短柱承载力计算公式计算值较准确，能很大程度地反映现实
2018	Wang	L 形钢管混凝土柱	7	构件轴向抗压性能良好，在 LCFST-D 结构形式下，单体柱的协同作用较好
2020	Ci	方、圆钢管混凝土组合柱	26	在总含钢量不变的情况下，当外钢管含钢量减少、内钢管含钢量增加时，方钢管混凝土柱的抗压强度和承载力均得到提高
2018	Kadhim	钢管再生混凝土短柱	—	采用四种国际不同规范对构件轴压承载力进行了比较规范的评价，结果发现欧洲规范在数据的随机性和分散性方面有较好的结果，而经 ACI 计算的强度值与其他规范相比变化较大，此外，对结果的分析指出了 ACI 的一个缺点，即没有考虑钢管与填料之间的约束带来的好处

续表

年份	作者	研究对象	试件数量/个	主要结论
2020	Yu	钢管再生自密实混凝土短柱	15	构件受压发生屈曲破坏，柱中部有明显的鼓形弯曲，整个加载过程可分为三个阶段，即弹性、弹塑性和塑性；随着钢管径厚比的增大，构件弯曲和塑性变形增大
2017	应荣平	钢管自密实再生混凝土构件	15	自密实普通混凝土构件和自密实再生混凝土构件破坏机理差别不大，其轴向承载能力稍强于后者
2012	时军	数值模拟	1	构件除中部明显腰鼓外其余无明显变化，管壁的变形破坏由于混凝土的存在而得到了较大改善；ABAQUS 的模拟结果在一定程度上能与试验现象吻合
2017	徐礼华	钢管自应力自密实构件	17	混凝土的脆性由于侧向约束的加强逐渐表现为塑性行为，自应力可提高其轴压承载力；构件的延性随套箍率增大而提高，随混凝土强度提高而降低
2019	王凤芹	椭圆形钢管混凝土构件	22	在柱子 1/2 高度或以上反弯点处破坏是构件的主要破坏形态；构件承受载荷能力受各个参数的影响不同，对其影响最大的当数长细比

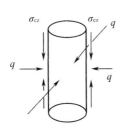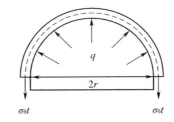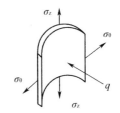

图 1-4　钢管和混凝土的受力状态

由表 1-1 可知，由于研究的广泛性，不同形式钢管混凝土构件的轴心受压性能被大批学者研究分析，研究参数包含了混凝土强度类型及等级、长细比、钢管截面形状和数值分析。研究指出，由于钢管的存在，内部混凝土处于围压状态，使其强度得到了很大的提升，且构件整体承载能力受混凝土强度和长细比的影响较大，圆形截面钢管对内部核心混凝土的约束效应优于方形截面。

（2）压弯性能

轴心受压是最理想的受力形式，但在现场工程应用中，由于外界干扰等多种不确定因素的存在，都会导致构件受力有所偏心，于是对构件压弯性能的研究很有必要，是结构安全可靠的重要基础。通过查阅文献，总结了部分学者在钢管混凝土柱压弯性能方面的研究，见表1-2、图1-5。

钢管混凝土柱压弯性能研究　　　　　　　　　　　　　　　　表1-2

年份	作者	研究对象	试件数量/个	主要结论
2018	柯晓军	钢管混凝土组合柱	16	构件破坏形态表现出大、小偏心受压破坏，破坏过程与钢筋混凝土柱类似；钢管横向应变随着偏心距减小而增大
2019	Yuan	钢管混凝土组合组	12	发现加强筋的使用提高了立柱的稳定性，纵向加劲肋的使用改善了钢管对核心混凝土的约束，提高混凝土的最大轴向应力
2018	Shen	数值分析	45	钢材强度和截面积对构件的偏压强度有较大影响，构件强度随其增大而增强，随偏心距增加而降低
2014	齐宏拓	钢管混凝土组合柱	44	偏心受力下，长细比较大的构件均表现为压弯破坏，剪切破坏是圆截面构件的典型破坏特征，大长细比或大偏心构件的刚度较低，但有一个良好的延性
2020	曹万林	异形截面多腔钢管混凝土组合柱	4	开展了4个大尺寸构件的偏压性能研究，指出了偏心受力下各构件均具有良好的力学性能，偏心距较大时试件复位能力相对好
2019	徐礼华	多腔式异形钢管混凝土柱	11	构件随着偏心荷载的增大，最后表现为失稳破坏；长细比和偏心距的增加会导致构件的极限强度降低
2020	李泉	T形方钢管组合异形柱	9	较长构件主要表现出弯曲破坏特征，偏心距、偏心方向和构件长度直接影响到构件的压弯性能，但影响最大的当属偏心距，最小的则是长度，大偏心距构件的承载力较弱
2019	Sui	多单元复合T形钢管混凝土柱	19	对多单元复合T形钢管混凝土双轴偏心受压柱性能进行了研究，结果表明主要破坏形式是试件模态的整体弯曲和局部屈曲，构件极限承载力受偏心加载的位置和角度受影响较大
2018	曲秀姝	矩形钢管混凝土柱	9	借助试验与数值模拟相结合的研究方法，研究了构件在偏心受力下的变形特征，指出了构件承载变形能力主要与长细比和偏心距有关，且受其影响较大
2014	Ferhoune	矩形钢管矿渣混凝土柱	16	构件的偏压特性随偏心距的改变而有一个明显的变化，矿渣在钢管混凝土柱中的应用结果较好

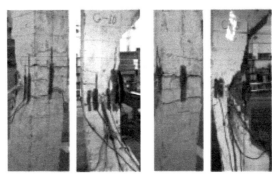

（a）组合柱压弯破坏

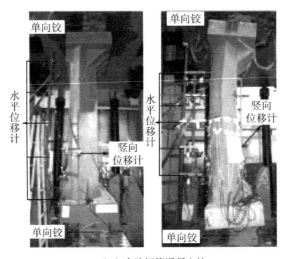

（b）多腔钢管混凝土柱

图1-5 压弯破坏

由表1-2可知，以上学者研究了不同截面形式的构件在偏心荷载作用下的受力机理和破坏规律。主要分析了不同变化参数下：长细比、混凝土强度、钢材强度、截面面积、含钢率和偏心距等对构件压弯性能的影响。研究发现钢材强度、含钢率和偏心距对构件压弯性能有较大影响，其中影响最大的当数偏心距，构件的强度和刚度会随着偏心距的增大而降低。

（3）抗剪性能

目前，学术界对钢管混凝土构件抗剪性能的研究多数集中在圆、矩形截面形状，研究成果较多。通过查阅文献，总结了部分学者在钢管混凝土构件抗剪性能方面的研究，见表1-3、图1-6。

钢管混凝土构件抗剪性能研究 表 1-3

年份	作者	研究对象	试件数量/个	主要结论
2010	郭兴	往复剪切荷载作用下钢管混凝土柱	25	剪跨比较大的试件发生的是弯曲破坏,后期荷载无明显下降期间,变形能力较好,有一定的延性;剪跨比的减小和轴压比的增大都会使构件强度增大
2020	王静峰	圆端形椭圆钢管混凝土柱	26	对构件进行了受剪有限元模拟,发现构件破坏形态受剪跨比的影响很大,典型的有弯剪和局部鼓凸破坏;构件抗剪切能力随着剪跨比的减小先降低后增大
2016	Ye	钢管混凝土构件	38	对不同截面形状构件的横向抗剪切性能做了试验研究,发现无论方形截面还是圆形截面构件,其抗剪切性能都很优越
2020	张伟杰	带环向脱空缺陷的钢管混凝土构件	14	构件的抗剪切能力受脱空率和剪跨比的影响较大,且大脱空率或大剪跨比构件的抗剪切能力较弱
2019	张纪刚	外包不锈钢管的钢管混凝土柱	18	空心率和剪跨比越大或混凝土强度越低,构件整体抗剪切能力就越弱;数值计算结果能较准确地反映现实情况
2017	张超瑞	钢管高强混凝土叠合柱	14	剪切斜压是构件的典型破坏形式;构件截面积越大或剪跨比越小,其抗剪切能力就越强
2015	罗源	钢管自应力混凝土柱	7	对构件抗剪性能全过程作了数值分析,结果发现相较普通构件而言,自应力构件的抗剪切能力较强,且自应力增加会使构件抗剪切能力得到大幅提升
2014	康利平	柱-梁节点	10	各节点的抗剪切能力都比较优越,在抗剪承载力计算中,国内计算公式所得计算值与试验值具有一定偏差

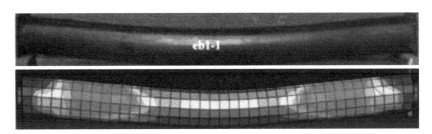

图 1-6 钢管混凝土受剪

由表 1-3 可以看出，学术界在不同类型钢管混凝土构件和柱-梁节点抗剪性能方面的研究较为充分，大多数研究参数集中在混凝土强度、钢材强度、含钢率和剪跨比，其中对构件抗剪切能力影响最大的当数剪跨比，构件破坏形态受剪跨比变化的影响较大，构件整体承载力随其余三个参数指标的提升而增大。

（4）抗扭性能

钢管混凝土结构由于其优越的特性被广泛用于高耸结构和高烈度地震地区，其所受荷载较为复杂，在实际结构中，钢管混凝土结构除受轴力、弯矩和剪力外，还将承担风荷载、地震荷载及其他复杂荷载作用下产生的扭矩，所以对其抗扭性能的研究是很有必要的。通过查阅文献，总结了部分学者在钢管混凝土构件抗扭性能方面的研究，见表 1-4、图 1-7。

钢管混凝土构件抗扭性能研究　　　　　　表 1-4

年份	作者	研究对象	试件数量/个	主要结论
2019	薛守凯	哑铃形钢管混凝土构件	4	构件在荷载作用后仍具有继续承载的后期能力；构件的抗扭承载力随着钢管强度、混凝土强度及含钢率的增加而增大
2012	Nie	圆、方形截面钢管混凝土柱	8	构件的抗扭能力和延性在较低压力作用下表现良好，反之，在高压力作用下表现相对较差
2012	Xu	异形钢管混凝土柱	9	影响构件抗扭强度最大的因素是轴压比，在合理轴压比取值范围内，大轴压比构件的开裂扭矩和极限扭矩相对较大
2014	聂建国；Nie	钢管混凝土组合柱	8	构件的抗扭能力受弯矩影响而有所降低，对于高弯矩-扭转比的矩形钢管混凝土柱，由于底部钢板局部屈曲导致其刚度退化

续表

年份	作者	研究对象	试件数量/个	主要结论
2017	王宇航	不同截面钢管混凝土柱	8	构件刚度退化速率在重复扭转受力作用下相对较慢，且耗能能力表现得良好；构件在纯扭状态下的承载力较偏压-扭转受力状态下低
2017	宋顺龙	椭圆钢管混凝土构件	24	对构件做了纯扭数值模拟，研究发现构件在纯扭受力下主要从弹性阶段逐步过渡到强化段，构件抗扭能力随着钢材强度和截面积的增大而提高
2018	王静峰	圆端形椭圆钢管混凝土构件	21	对各构件受扭性能作了数值分析，发现构件抗扭能力随构件直径和钢材强度增大而提升，长轴与短轴之比越小，其承载力越强
2016	黄宏	方中空夹层钢管混凝土柱	7	在偏心距不大情况下，相比而言，大空心率和小轴压比构件的抗扭能力较强，且延性良好

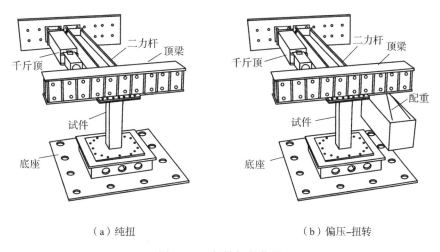

（a）纯扭　　　　　　　　　　（b）偏压-扭转

图1-7　扭转加载装置

　　上述对不同形式构件的抗扭性能作了比较全面的研究分析，主要截面有圆形、矩形、椭圆形、圆端形、哑铃形等其他异形截面，分析了不同截面构件在纯扭或复合受力下的破坏机理及特征。研究参数多数集中在轴压比、钢材强度、混凝土强度、套箍率和含钢率，结果发现构件抗扭承载力随各参数指标的增加而增强。

（5）抗震性能

对钢管混凝土柱轴压和偏压性能的研究，是为其能在结构中更好的应用做铺垫。钢管混凝土结构优越的抗震性能是结构安全可靠的重要保障，目前，已有不少学者对钢管混凝土结构的抗震性能做了较系统的研究。

王铁成等研究发现长细比和轴压比是影响方形钢管混凝土柱抗震能力的典型因素，在合理取值下，大轴压比或小长细比的构件抗震性能较优越。焦圣伦等对一种新型 L 形钢管混凝土柱-钢梁节点做了 ABAQUS 模拟，发现该节点抗震性能较好，满足结构对抗震的需求。戎贤等研究发现钢管混凝土柱节点可以大幅降低节点处的损伤，适当的在节点内填入混凝土可以大幅度改善其抗震性能。张向冈研究了方形和圆形钢管再生混凝土柱的变形能力，发现位移延性系数大于 3 的主要是圆截面构件，而方形截面在 3 附近，该构件达到了结构抗震需求。雷颖通过 ABAQUS 对钢管再生混凝土柱抗震性能进行了模拟，发现实测骨架曲线与模拟骨架曲线趋势几乎一致，模拟结果能很大程度地反映现实。

如今，钢管混凝土结构抗震性能的相关研究成果较多，主要集中在不同类型截面组合柱、梁-柱节点以及数值模拟方面，研究参数主要有含钢率、长细比、轴压比、混凝土类型及强度。对钢管混凝土结构抗震性能较为系统全面地研究，是为其在工程中更加安全可靠打下坚实基础。

1.2.2 FRP 管混凝土及其他管材约束混凝土结构性能研究

目前，对钢管混凝土结构的研究已经较为成熟，其应用也越来越多，但由于钢管混凝土耐腐蚀性差等特点使其工程应用受到限制，因此，学者提出 FRP 管混凝土柱、不锈钢管混凝土柱和铝合金管混凝土柱来代替钢管混凝土柱，经研究发现，由于其优良的特性，可以有效地解决钢管混凝土所带来的弊端。国内外学者也对其进行了初步的研究分析。

Mirmiran 对 FRP 管混凝土的研究相对较早，研究发现其对混凝土的横向约束效果明显优于钢管。周乐、杨俊杰等以 FRP 管纤维缠绕角为参数，研究了其对构件轴压性能的影响，发现纤维铺设角度越大，构件整体承载力就越小，见图 1-8。马辉等对 GFRP 管再生混凝土柱的轴压破坏规律做了相关试验，研究发现构件的承载能力由于 GFRP 管的约束而有一个大幅提升，管外部纤维被拉断是构件最后典型破坏形态。宋志刚等以混凝土强度和壁厚为参数，用 ABAQUS 模拟了构件的轴压性能，计算结果较接近试验结果。Youm 等研究发现构件的延性由于 GFRP 管的存在得到了明显提升，相比钢筋混凝土柱而言，延性系数提高的有 2 倍之多。

图 1-8　FRP 管混凝土柱破坏形态

贺正伟等提出采用玻璃纤维增强复合材料管约束生物炭混凝土，开展 GFRP 管约束生物炭混凝土的轴压性能试验研究，设计参数主要包括：GFRP 管的厚度（层数）、生物炭掺量及生物炭吸水率，着重分析各试件的轴向应力-应变曲线、环向应变-轴向应变曲线、屈服应力、极限应变及环向断裂应变等指标。岳香华等进行了 9 根钢管-纤维增强复合材料（FRP）管-混凝土组合柱、1 根钢管混凝土柱以及 9 根 FRP 管约束混凝土柱对比试件的轴压试验，首次指出现有的 FRP 约束混凝土的本构模型中的环向-纵向应变关系不适用于钢管-FRP 管-混凝土组合柱，进而提出了适合该组合柱本构关系的全新模型。刘春阳等对不同再生骨料取代率、FRP 种类、侧向约束刚度（FRP 层数）、FRP 全包裹/条带式包裹等设计参数下 FRP 约束再生混凝土材料抗压强度、应力-应变曲线及构件的力学性能和抗震性能指标的变化规律进行了试验研究和理论分析，比较了 FRP 约束普通混凝土极限强度和极限应变模型对 FRP 约束再生混凝土试件试验结果的适用性。

代鹏、唐红元等以套箍率和壁厚为参数，研究了其对奥氏体型不锈钢管混凝土柱受压承载性能的影响，发现套箍率和壁厚越大，构件承载性能就越好。Ding 等模拟了方形截面不锈钢管混凝土柱的受压承载性能，结果发现构件承载能力和应力贡献比同类碳钢有所增加。纪官运借助 ABAQUS 模拟了不锈钢管混凝土柱的承载性能,计算值平均误差不超过百分之十,模拟结果能较好地反映实际。段文峰等借助 ABAQUS 模拟了不锈钢管再生混凝土柱的承载性能,结果发现构件承载能力受再生骨料替代率的影响很小;其屈服荷载伴随混凝土强度增加而稍微增大,伴随含钢率的增加而有一个明显提升。

陈宗平等为研究不锈钢管海洋混凝土柱及内配碳钢后的轴压力学性能,以型钢类型、螺旋筋间距、纵筋直径为变化参数,完成了 10 个试件的轴心受压静力加载试验。观察了试件的受力破坏全过程及形态,获取了轴向荷载-位移曲线及各钢材应变曲线,基于试验实测数据,就各变化参数对试件的轴压承载力、延性、耗能能力和损伤发展的影响规律进行了分析。高献等进行了 14 根电力火灾后圆端形不锈钢管混凝土短柱的轴压试验,分析截面高宽比、受火时间和含钢率对其火灾后剩余承载力的影响,给出了电力火灾后圆端形不锈钢管混凝土短柱的剩余承载力的设计方法。马海兵等基于试验研究分析了不锈钢管再生混凝土短柱轴压全过程破坏机理,包括各部件应力状态发展、核心再生混凝土应力分布以及钢-混凝土之间的接触应力;重点研究了再生混凝土强度、取代率、不锈钢类型与含钢率对构件极限承载力的影响,并与国内外现有钢管混凝土设计规范进行了对比。

Zhou 等对铝合金管混凝土柱做了轴压试验,发现试验值高于规范计算值,现有计算公式偏于安全。宫永丽对常见金属管混凝土柱的力学性能做了相关试验,结果发现铝合金管混凝土柱的承载能力较好,但刚度较钢管混凝土差。查晓雄等对铝合金管混凝土柱轴压承载力进行了试验研究和数值分析,提出了铝合金管混凝土柱的强度设计公式,利用有限元模拟结果和试验结果吻合较好。付明春对铝合金管混凝土柱在静力承载下和动力弹性下力学性能进行了试验研究,提出了构件应力计算模型,经验证该模型精确度很高。徐洁对圆、方形截面 CFRP 缠绕铝合金管混凝土受弯构件进行了试验研究,发现较小尺寸的构件承载能力较优越。吴鹏研究了铝合金管混凝土柱冻融循环后的破坏特征,发现剪切破坏是短柱破坏的典型形态,冻融循环后的长柱发生压弯和剪切破坏。

陈冠君等对 9 根不同参数的带肋铝合金管混凝土轴压短柱进行了有限元模拟,分析了组合柱的破坏形态、轴压荷载-位移关系、峰值荷载、延性系数以及应力云图。陈宗平等以螺旋筋与纵筋截面配筋率之比、螺旋筋直径与间距、纵筋数量与直径为变化参数，对16根该类组合短柱和1根铝合金管海水海砂混凝土短柱进行轴心受压试验，观察其受力破坏过程及形态，获取荷载-位移曲线和性能特征点，分析各变化参数对组合短柱承载力、轴压延性和耗能能力的影响。曾翔等开展了6根圆铝合金管混凝土短柱的轴心受压承载力试验，套箍系数为0.57~1.26。分析了试件的破坏形态、轴压荷载-轴向应变曲线、截面横向变形系数、峰值荷载和延性。

上述学者对FRP管混凝土柱、不锈钢管混凝土柱和铝合金管混凝土柱的受力性能作了一定的研究。三种管材都可以有效地解决钢管混凝土耐腐蚀性差的缺点，且轻质高强、外表美观。大量研究表明了三种管材可以有效地提高构件的极限承载力，且抗震性能优越，最后，国内外学者在研究分析基础上，提出了相关构件的承载力计算公式，为其在工程中的推广应用提供了参考。

1.2.3 存在的问题

国内外学术界和工程界对钢管混凝土结构的研究已相对成熟，在钢管混凝土柱轴压性能方面取得了较多的成果，已有统一的理论支撑，但对玻璃纤维管混凝土柱轴压性能的研究还比较匮乏，缺乏系统完善的理论支撑。

（1）有关约束混凝土柱轴压性能的研究大多都是针对钢管混凝土组合柱，对玻璃纤维管约束再生混凝土柱和玻璃纤维管约束高强普通混凝土柱的系统研究和理论分析还存在很大的不足。

（2）由于玻璃纤维管混凝土柱是一种新型的结构构件，国内外学者对其研究还处于初步阶段，各国结构设计规范均未提供相应的承载力计算方法，对其承载力计算方面还处于研究探索阶段，没有统一的理论支撑。

1.3 本书主要研究工作

1.3.1 研究目标

以工程实际需求为依托，顺应建筑垃圾可持续发展理念，采用了试验研究与数值模拟相结合的研究方法，较全面地研究了 GFRP 管混凝土柱的轴压性能，为以后工程应用提供依据。

希望通过对 GFRP 管混凝土柱的轴压试验研究与分析，得到 GFRP 管混凝土柱轴压承载力在不同直径和不同混凝土强度等级下的变化规律。然后在试验研究基础上，对构件进行受力分析，推导出一套适合 GFRP 管混凝土柱轴压承载力计算公式。最后对 GFRP 管混凝土柱受力行为进行数值模拟，通过模拟结果与试验结果的吻合度来验证 GFRP 管混凝土柱有限元模型的准确性和适用性。为这种新型构件能够在工程中更好的应用提供参考。

1.3.2 研究内容

主要研究内容如下：

（1）轴压试验。通过 6 个 GFRP 管高强普通混凝土柱、6 个 GFRP 管再生混凝土柱和 1 个 GFRP 空管进行了轴向重复受压试验，对其破坏模式和破坏机理进行了分析，总结出了不同直径下各试件轴压承载力和刚度的变化规律。

（2）承载力计算。在试验研究基础上，采用极限平衡理论的方法，根据力学平衡条件对 GFRP 管混凝土柱轴压承载力进行了推导，并考虑再生骨料取代率的影响，建立了其轴压承载力计算公式。

（3）ABAQUS 有限元模拟。建立各试件相对应的数值模型，对其受力行为进行模拟分析，通过模拟结果与试验结果的吻合度来验证 GFRP 管混凝土柱数值模型的准确性，再者就是对构件损伤破坏机理作进一步分析。

GFRP管混凝土柱轴压性能试验设计　第2章

2.1　试验目的

由于我国对各种高层、超高层、大跨空间结构以及跨海工程的建设规模越来越大，单一的混凝土结构或钢结构已不能满足结构高性能化的要求，所以，约束混凝土结构的应用越来越广泛。目前，约束混凝土柱的研究主要特点有：一是钢管混凝土柱占据主导地位，学术界和工程界对其研究较为成熟，有关GFRP管约束混凝土柱的研究成果较少；二是在约束混凝土柱的研究中，核心混凝土多为普通混凝土，对高强混凝土和再生混凝土的研究相对较少；三是由于钢管混凝土柱耐腐蚀性较差，在长期服役期间容易受到腐蚀作用而使其耐久性和承载力大幅度降低，提前导致结构的破坏，而GFRP管最主要的优点就是耐腐蚀较强，适用于较恶劣的施工环境，能有效解决钢管混凝土柱所带来的弊端。基于此，本书提出了GFRP管约束混凝土柱，在GFRP管内灌注C40再生混凝土和C60高强普通混凝土，研究分析了其轴心受压下的破坏模式和破坏机理，结果可为其理论研究和工程应用提供一定参考。

2.2　试件设计

为研究不同直径的GFRP管对内部核心混凝土的约束作用，本书设计了13根轴心受压试件，设计参数见表2-1，其中D、L、t、λ分别为GFRP管的外径、高度、壁厚和长细比，ρ为再生骨料取代率。试件两端用180mm×180mm×3mm的钢板封口，各试件壁厚和高度保持不变，其中试件G-100未灌入混凝土，试件尺寸见图2-1。

试件设计参数   表 2-1

试件编号	强度等级	$\rho/\%$	D/mm	L/mm	t/mm	λ
G-100	0	0	100	500	5	10.51
GNC-60-100	C60	0	100	500	5	20.00
GNC-60-110	C60	0	110	500	5	18.18
GNC-60-120	C60	0	120	500	5	16.67
GNC-60-130	C60	0	130	500	5	15.38
GNC-60-140	C60	0	140	500	5	14.29
GNC-60-150	C60	0	150	500	5	13.33
GRC-40-100	C40	40	100	500	5	20.00
GRC-40-110	C40	40	110	500	5	18.18
GRC-40-120	C40	40	120	500	5	16.67
GRC-40-130	C40	40	130	500	5	15.38
GRC-40-140	C40	40	140	500	5	14.29
GRC-40-150	C40	40	150	500	5	13.33

由参考文献 [76] 研究结果可知，长细比 16~20 为短柱与中长柱的界限长细比，故本书所设计的 12 根 GFRP 管混凝土柱构件中包含了 6 根短柱构件和 6 根中长柱构件。

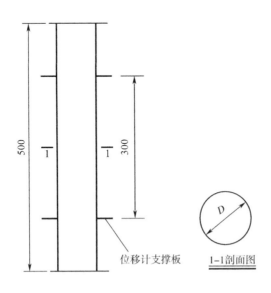

（a）试件尺寸   （b）加工完成的试件

图 2-1   试件尺寸（mm）

2.3 试件制作

2.3.1 高强普通混凝土制备

试验采用高强混凝土设计强度等级为 C60，由天瑞集团生产的 P·O 42.5 级普通硅酸盐水泥（密度为 3.03g/cm³、比表面积为 358m²/kg、45μm 筛余为 2.55%、标准稠度用水量为 27.31%、胶砂流动度为 192mm，其他性能指标见表 2-2）、天然河沙、天然粗骨料（5~25mm 连续级配的碎石）、高效聚羧酸减水剂（减水率为 30%）和试验室自来水配制而成，水泥：水：石：砂 = 1:0.36:2.34:1.53，减水剂掺量为 0.2%。标准养护条件下试块 28d 立方体（150mm × 150mm × 150mm）抗压强度标准值均值为 61.4MPa，弹性模量为 3.6×10⁴MPa。

P·O 42.5 各项性能指标   表 2-2

凝结时间/min		抗压强度/MPa		抗折强度/MPa	
初凝	终凝	3d	28d	3d	28d
267	342	32.5	52.5	6.4	8.7

2.3.2 再生混凝土制备

试验采用再生混凝土设计强度等级为 C40，为再生粗骨料混凝土，天然细骨料为天然河沙，各项物理性能指标见表 2-3。再生混凝土采用试验室自配，所选用材料：水泥为普通硅酸盐水泥，同 2.3.1 节，天然粗骨料为碎石（粒径 5~25mm 连续级配），见图 2-2，再生粗骨料（5~30mm 连续级配）来自许昌金科资源再生股份有限公司，见图 2-3，粗骨料取代率为 40%，各项性能指标见表 2-4，水为试验室自来水，减水剂为南京斯泰宝贸易有限公司生产的 530P 聚羧酸高效减水剂，掺量为 0.15%，各项性能指标见表 2-5。其配合比为：水泥：水：石：砂 = 1:0.45:2.75:1.75，标准养护条件下的再生混凝土试块 28d 立方体（150mm×150mm×150mm）抗压强度标准值均值为 42.5MPa，弹性模量为 3.32×10⁵N/mm²。

图 2-2 天然粗骨料

图 2-3 再生粗骨料

天然细骨料各项物理性能指标

表 2-3

材料	表观密度/（g/cm³）	堆积密度/（g/cm³）	细度模数/M_x	含泥量/%
河砂	2.65	1.52	2.75	1.3

粗骨料各项性能指标

表 2-4

粗骨料	颗粒级配 /mm	表观密度 /（g/cm³）	堆积密度 /（g/cm³）	吸水率/%	含水率/%
天然粗骨料	5~25	2.61	1.56	0.6	0.5
再生粗骨料	5~30	2.55	1.46	4.1	1.8

减水剂各项性能指标

表 2-5

材　　料	堆积密度/（kg/m³）	pH	氯离子含量	氧化钠
聚羧酸减水剂	0.6±0.1	7.0±0.5	≤0.1%	≤5.0%

2.3.3 试件浇筑

混凝土的浇筑是在中原工学院建筑材料试验室完成。混凝土浇筑采用分层浇筑，将新拌混凝土从搅拌机倒出经人工拌合均匀，每浇筑一次，并用振捣棒振捣密实，分三次浇筑完成，然后再移至振动台整体振动密实，在浇筑过程中每锅预留一组边长为150mm的立方体试块，整个过程在3min中之内完成。待初凝后移至合适区域自然养护28d，见图2-4。养护完成后用砂轮将试件自然面打磨平整，将环氧树脂A、B胶按质量比1∶1比例进行配置，人工充分搅匀后对试件进行封口，见图2-5。

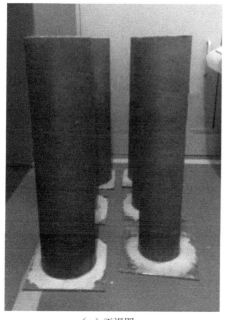

（a）正视图　　　　　　　　　　　　　（b）俯视图

图2-4　试件自然养护

2.4 材料性能

在试件浇筑过程中预留的边长为150mm的高强普通混凝土和再生混凝土立方体试块根据《混凝土物理力学性能试验方法标准》GB/T 50081—2019所测得28d立方体试块标准值分别为61.4MPa和42.5MPa，计算公式见式（2-1）。

（a）原装产品

（b）装入容器

图 2-5　环氧树脂 A、B 胶

$$f_{cu} = \frac{F}{A} \tag{2-1}$$

式中：f_{cu}——抗压强度；

　　　F——破坏荷载；

　　　A——承压面积。

试验所用 GFRP 管为不间断纤维通过湿法缠绕而成，由扬州妙成电气有限公司生产，缠绕角为 45°~65°，物理性能指标见表 2-6。

GFRP 管物理性能指标

表 2-6

纤维含量 /%	密度 /（g/cm³）	抗拉弹模（轴向）/MPa	抗拉强度（轴向）/MPa	抗拉强度（环向）/MPa	抗剪强度 /MPa	抗弯强度（轴向）/MPa	抗压强度（轴向）/MPa
70~75	2.0	14000	280	600	150	350	240

2.5　试验方案

2.5.1　试验设备

试验在中原工学院建筑结构试验室进行，采用 5000kN 三思电液伺服压力试验机进行加载，加载两端配置有刀铰支座。外置 DH3816N 东华应变采集箱对加载过程中的应变和位移进行采集，通过三思万能试验机采集加载过程中的轴向荷载，加载装置和数据采集系统见图 2-6。

（a）加载装置

（b）应变采集箱

图 2-6　三思万能试验机和 DH3816N 东华应变采集箱

2.5.2　测点布置及加载制度

在 GFRP 管中间位置对称布置两条竖向 BX120-80AA 应变片和两条环向 BX120-80AA 应变片，用以测量试件竖向和环向应变；在试件中部 300mm 内对称布置两个 YWC-50 型位移传感器，用来测量 GFRP 管轴向变形，测点布置见图 2-7。

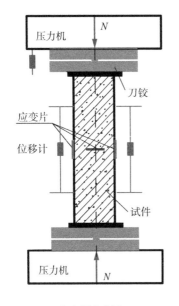

（a）测点布置　　　　　　　　　　（b）加载装置

图 2-7　测点布置及加载装置

首先每个试件的预估极限荷载值是根据蔡绍怀提出的圆钢管混凝土柱极限承载力计算公式计算得出。

$$N_u = A_c f_c (1 + 2\xi) \tag{2-2}$$

式中：N_u——构件极限承载力；

　　　ξ——套箍系数，$\xi = A_s f_s / A_c f_c$；

　　A_s、A_c——钢管和混凝土的截面积；

　　f_s、f_c——钢管和混凝土的强度设计值。

加载分为两阶段：荷载控制加载和位移控制加载。首先进行预加载，加载至 5% F_{max}（F_{max} 为预估极限荷载）持荷 1min，再卸载至 20kN，目的是实现试件两侧应变片应变一致，不偏心，同时观察采集系统是否正常工作；然后采用荷载控制加载，按照 3.0kN/s 的速度分级加载至 $80\% F_{max}$，其中每级荷载增加 $0.1 F_{max}$，再卸载至 20kN，目的是维持试件卸载后的稳定以及分析每级荷载下的残余位移，如此重复加载，每级荷载均持荷 1min，观察玻璃纤维管破坏过程，详细记录各试件的变形与破坏情况；荷载控制段结束后，以 0.6mm/min 的加载速度进行位移分级加载，每级位移幅值为 2mm，持荷 1min，直至试件破坏。

2.6　本章小结

本章节主要从试验目的、试件设计、试件制作和试验方案四个方面介绍了 GFRP 管混凝土柱轴压试验前的一些准备工作。试验目的表明了 GFRP 管混凝土柱的研究背景及意义；设计了 13 根不同直径的轴心受压试件，按混凝土类型分为两组，即 6 个不同直径 GFRP 管约束再生混凝土柱、6 个不同直径 GFRP 管约束高强普通混凝土柱，同时预留 1 个 GFRP 管，未浇筑混凝土，最后给出了试件尺寸参数详图；试件制作主要介绍了高强混凝土和再生混凝土的原材料选用及配合比设计，对试件浇筑过程作了较为详细的说明；最后介绍了轴压试验的加载装置、试件的测点布置及加载方案，详细地说明了各试件的应变、位移采集方式和分级加载制度。

第3章

GFRP管高强普通混凝土柱轴心受压性能试验分析

本章通过对 GFRP 管约束高强普通混凝土柱的轴心重复受压试验，分析了其破坏模式和破坏机理，总结了不同直径对 GFRP 管约束高强普通混凝土柱承载力和刚度的影响规律。

3.1　试验现象与破坏特征

共进行了 6 个 GFRP 管约束高强普通混凝土柱试件和 1 个 GFRP 空管轴心重复受压试验，编号依次为：GNC－60－100、GNC－60－110、GNC－60－120、GNC－60－130、GNC－60－140 和 GNC－60－150，GFRP 空管命名为 G－100。为了方便对试验现象的描述，各试件相对方位表示见图 3－1。

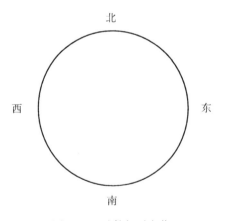

图 3－1　试件相对方位

除试件 G－100 在荷载加载控制阶段破坏外，其他试件在荷载加载控制阶段均未发生明显变化，以下对各试件位移加载控制阶段试验现象进行描述。

（1）试件 G－100 破坏过程

试件 G-100 破坏前上部逐渐出现环向和斜向"白色条纹"，随着荷载的不断增大，环向和斜向"白色条纹"增多，逐渐发展成大面积泛白区域，最终部分白色条纹发展成"白色鼓凸"，最后管身顶部发生环状破坏。

试件 G-100 最终破坏形态见图 3-2。

图 3-2 试件 G-100 破坏形态

（2）试件 GNC-60-100 破坏过程

第 1 次加载：纵向位移加载至 4mm，峰值荷载达到 506.37kN，试件表面无明显变化。

第 2 次加载：纵向位移加载至 6mm，峰值荷载达到 997.41kN，试件表面出现轻微环向和斜向"白色条纹"，试件顶部环氧树脂胶体局部发出"咔"的轻微开裂声音。

第 3 次加载：纵向位移加载至 8mm，峰值荷载达到 1243.16kN，试件表面环向和斜向"白色条纹"颜色稍微加深；试件南侧距顶部 120mm 处出现一条较长的斜向剪切痕迹线，长度约 50mm；试件南、北侧中部竖向应变片轻微鼓起。

第 4 次加载：纵向位移加载至 10mm，峰值荷载达到 1381.05kN，试件表面环向和斜向"白色条纹"和试件南侧斜向剪切痕迹线较上一阶段颜色稍微加深且逐渐扩大；试件南、北侧中部竖向应变片较上阶段鼓起更加明显。

第 5 次加载：纵向位移加载至 12mm，峰值荷载达到 1493.32kN，试件表面部分环向和斜向"白色条纹"相互交错，叠加在一起，形成了轻微泛白区域；试件南侧中部竖向应变片整体鼓起严重。

第 6 次加载：纵向位移加载至 14mm，峰值荷载达到 1592.61kN，试件表面整体出现泛白，局部横向出现轻微裂纹；试件南侧中部竖向应变片损伤严重，发生失效。

第 7 次加载：纵向位移加载至 16mm，峰值荷载达到 1700.29kN，较上一阶段，试件表面泛白程度进一步加深；试件北侧距顶部 200mm 偏东侧位置处出现一条较短的横向裂缝，长度约 8mm。

第 8 次加载：纵向位移加载至 18mm，峰值荷载达到 1790.37kN，试件表面整体泛白更加严重，试件南侧剪切痕迹线转变成剪切裂缝。

第 9 次加载：纵向位移加载至 20mm，峰值荷载达到 1891.09kN，试件表面泛白程度较上阶段进一步加深，大部分环向和斜向"白色条纹"痕迹线转化成裂缝，原有裂缝进一步扩大；试件北侧中部竖向应变片损伤严重，发生失效。

第 10 次加载：纵向位移加载至 22mm，峰值荷载达到 2001.30kN，试件表面环向和斜向"白色条纹"几乎全部叠合在一起，整体泛白严重，卸载至 20kN 后，表面几乎无明显变化，说明试件已经严重损伤；试件表面环向和斜向裂缝增多且明显，趋于破坏。

第 11 次加载：加载至 2006.73kN 时，试件东、西两侧中部位移计脱落，伴随着一声巨响，试件中部偏上位置发生环向断裂，外部纤维被撕裂断开，内部混凝土被压溃。

试件 GNC-60-100 在加载过程中主要破坏形态见图 3-3。

（3）GNC-60-110 破坏过程

第 1 次加载：纵向位移加载至 5mm，峰值荷载达到 1250.30kN，试件表面无明显变化。

第 2 次加载：纵向位移加载至 7mm，峰值荷载达到 1518.61kN，试件表面出现轻微环向和斜向"白色条纹"痕迹；试件南、北侧中部竖向应变片

（a）应变片鼓起失效

（b）试件环向破坏

图 3-3　试件 GNC-60-100 破坏形态

轻微鼓起。

　　第 3 次加载：纵向位移加载至 9mm，峰值荷载达到 1676.23kN，试件表面环向和斜向"白色条纹"颜色进一步加深；试件南侧距底部 105mm 处出现轻微表皮撕裂痕迹；试件南、北侧中部竖向应变片鼓起更加明显。

第 4 次加载：纵向位移加载至 11mm，峰值荷载达到 1828.30kN，试件表面"白色条纹"相互交错，逐渐形成泛白区域；试件南侧距底部 105mm 处发展成横向裂缝；试件北侧中部竖向应变片所采集数据波动较大，即将失效。

第 5 次加载：纵向位移加载至 13mm，峰值荷载达到 1942.09kN，试件表面"白色条纹"痕迹大部分叠合在一起，管身整体泛白；试件北侧中部竖向应变片损伤严重，发生失效；试件南侧中部竖向应变片鼓起更加明显且上方 10mm 处出现一条剪切裂缝。

第 6 次加载：纵向位移加载至 15mm，峰值荷载达到 2070.27kN，试件表面整体泛白较上一阶段更加明显，卸载至 20kN 后，试件无明显变化；试件南侧中部竖向应变片上方处剪切裂缝深度加剧，试件西侧中部环向应变片上方和下部底板上方 100mm 内出现多处横向裂缝；试件南侧中部竖向应变片损伤严重，发生失效。

第 7 次加载：纵向位移加载至 17mm，峰值荷载达到 2200.94kN，试件表面整体泛白严重，卸载后管身无明显变化，试件整体已经发生严重损伤；管身横向和斜向裂缝增多，试件西侧中部环向应变片损伤严重，发生失效。

第 8 次加载：纵向位移加载至 19mm，峰值荷载达到 2299.38kN，试件表面环向和斜向裂缝更加突出明显，同时发出纤维被拉断时的"吱吱"响声。

第 9 次加载：纵向位移加载至 22mm，在加载过程中，一声巨响，试件从底部偏上位置处发生断裂，纤维被拉断，内部混凝土被压溃，试验结束。

试件 GNC-60-110 在加载过程中主要破坏形态见图 3-4。

（4）试件 GNC-60-120 破坏过程

第 1、2 次加载：纵向位移加载至 6.5mm，峰值荷载达到 662.17kN，试件表面无明显变化。

第 3 次加载：纵向位移加载至 8.5mm，峰值荷载达到 1336.06kN，试件表面出现轻微环向和斜向"白色条纹"痕迹，试件南侧中部竖向应变片略微鼓起。

第 4 次加载：纵向位移加载至 10.5mm，峰值荷载达到 1690.51kN，较

（a）试件环向破坏　　　　　　　　　　（b）底部出现斜向裂纹

（c）应变片鼓起失效

图 3 - 4　试件 GNC - 60 - 110 破坏形态

上一阶段，试件表面环向和斜向"白色条纹"痕迹进一步加深，卸载至
20kN 后，颜色有一定程度的恢复；试件北侧中部竖向应变片轻微鼓起，顶
部环氧树脂胶体部分脱落。

　　第 5 次加载：纵向位移加载至 12.5mm，峰值荷载达到 1876.27kN，试
件表面环向和斜向"白色条纹"逐渐相互交错，形成泛白区域；试件西侧

距底部 10mm 处出现一条横向裂缝，长度约 12mm，试件北侧距底部 100mm 处出现一条斜向裂缝痕迹线，长度约为 50mm。

第 6 次加载：纵向位移加载至 14.5mm，峰值荷载达到 2028.64kN，试件表面整体泛白更加明显；试件西侧距底部 10mm 处的横向裂缝长度增加至 14mm 且更加明显；试件北侧距底部 100mm 内出现 3 条明显的横向裂缝，并伴有纤维撕裂的声音。

第 7 次加载：纵向位移加载至 16.5mm，峰值荷载达到 2171.32kN，试件表面斜向裂缝增多，原有裂缝程度加深，整体泛白较为严重，卸载至 20kN 后，管身无明显恢复现象；试件南侧中部竖向应变片所采集数据发生突变，应变片失效。

第 8 次加载：纵向位移加载至 18.5mm，峰值荷载达到 2313.01kN，较上一阶段，环向裂缝和斜向裂缝增多，原有裂缝破坏明显，裂缝处纤维出现错位；试件北侧中部竖向应变片鼓起严重，发生失效。

第 9 次加载：纵向位移加载至 20.5mm，峰值荷载达到 2434.50kN，试件表面整体泛白严重，所有裂缝破坏明显，试件北侧距底部 100mm 内原有裂缝处纤维向外鼓起。

第 10 次加载：纵向位移加载至 22.5mm，在加载过程中，试件东、西两侧位移计脱落，随后一声巨响，试件中下部发生环向断裂，纤维被拉断，内部混凝土被压溃。

试件 GNC - 60 - 120 在加载过程中主要破坏形态见图 3 - 5。

（5）试件 GNC - 60 - 130 破坏过程

第 1 次加载：纵向位移加载至 8mm，峰值荷载达到 1947.12kN，试件表面无明显变化。

第 2 次加载：纵向位移加载至 10mm，峰值荷载达到 2207.22kN，试件表面开始轻微泛白，卸载至 20kN 后，轻微泛白逐渐褪去，恢复至原状态。

第 3 次加载：纵向位移加载至 12mm，峰值荷载达到 2417.85kN，试件表面泛白较上阶段稍加明显，管身开始出现轻微环向和斜向"白色条纹"。

第 4 次加载：纵向位移加载至 14mm，峰值荷载达到 2600.85kN，试件表面环向和斜向"白色条纹"颜色加深；试件北侧距顶部 118mm 处出现轻

（a）试件环向破坏

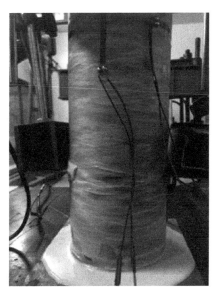

（b）底部出现错位裂缝

（c）裂缝进一步发展

图 3-5　试件 GNC-60-120 破坏形态

微剪切环向裂缝，裂缝长度约为 13mm，试件西侧距顶部 120~130mm 内出现三条轻微斜向剪切裂缝，裂缝长度在 10mm 左右。

第 5 次加载：纵向位移加载至 16mm，峰值荷载达到 2784.89kN，试件表面环向和斜向"白色条纹"颜色继续加深，逐渐形成泛白区域；试件北侧距顶部 118mm 处环向剪切裂缝长度增大至 16mm，试件南侧中部出现多处轻微环向和斜向剪切裂缝；南侧中部应变片发生鼓凸失效。

第 6 次加载：纵向位移加载至 18mm，峰值荷载达到 2961.75kN，试件表面环向和斜向"白色条纹"颜色加深，基本相互叠合在一起，管身整体泛白加深；试件各方位都出现了环向或斜向剪切裂缝且原有裂缝逐步扩大；试件北侧应变片鼓起损伤，发生失效。

第 7 次加载：纵向位移加载至 20mm，峰值荷载达到 3139.75kN，试件表面整体泛白加深，形成大面积泛白区域，多处"白色条纹"发展成裂缝且伴有纤维撕裂声音，原有环向和斜向剪切裂缝更加明显。

第 8 次加载：在加载过程中，试件东、西两侧中部位移计脱落且伴有环氧树脂胶体脱落，纤维撕裂声更加响亮，并伴有内部混凝土被压溃的声音，最后，一声巨响，GFRP 管发生环向破坏，内部混凝土被压碎，试件破坏。

试件 GNC-60-130 在加载过程中主要破坏形态见图 3-6。

（6）试件 GNC-60-140 破坏过程

第 1 次加载：纵向位移加载至 5.5mm，峰值荷载达到 1327.35kN，试件表面无明显变化。

第 2 次加载：纵向位移加载至 7.5mm，峰值荷载达到 2154.06kN，试件表面出现轻微环向和斜向"白色条纹"痕迹；试件南侧中部竖向应变片略微鼓起。

第 3 次加载：纵向位移加载至 9.5mm，峰值荷载达到 2484.10kN，环向和斜向"白色条纹"颜色加深且逐渐扩展，部分环氧树脂胶体开裂，发出清脆的响声。

第 4 次加载：纵向位移加载至 11.5mm，峰值荷载达到 2749.37kN，试件表面环向和斜向"白色条纹"增多，逐渐相互交错，以至表面整体轻微泛白；试件南侧中部竖向应变片鼓起程度加深。

第 5 次加载：纵向位移加载至 13.5mm，峰值荷载达到 2974.53kN，试件表面整体泛白加深，部分"白色条纹"有发展成裂缝的趋势；试件北侧中部竖向应变片上方 15mm 处出现一条环向裂缝，长度约 20mm；试件南侧中部竖向应变片损伤严重，发生失效。

（a）试件环向破坏　　　　　　　　　　（b）应变片鼓起

（c）顶部裂缝密集

图3-6　试件 GNC-60-130 破坏形态

第6次加载：纵向位移加载至 15.5mm，峰值荷载达到 3188.20kN，试件表面裂缝增多且明显，整体出现斜向交叉裂缝；试件北侧中部竖向应变片所测数据突变较大，发生失效。

第7次加载：纵向位移加载至 17.5mm，峰值荷载达到 3349.91kN，试件表面整体泛白严重，裂缝发展进一步加剧，裂缝处出现斜向剪切面。

第8次加载：纵向位移加载至19.5mm，在荷载加载至3537.31kN时，一声巨响，位移计脱落，试件中上部发生环向断裂，纤维被拉断，内部混凝土被压溃，试件破坏。

试件GNC-60-140在加载过程中主要破坏形态见图3-7。

 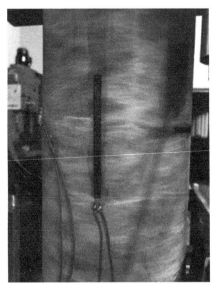

（a）试件环向破坏 　　　　　　　（b）应变片鼓起

（c）顶部裂缝交错发展

图3-7　试件GNC-60-140破坏形态

（7）试件 GNC-60-150 破坏过程

第1次加载：纵向位移加载至3mm，峰值荷载达到1012.34kN，试件表面无明显变化。

第2次加载：纵向位移加载至5mm，峰值荷载达到2175.27kN，试件表面出现环向和斜向"白色条纹"痕迹；试件南、北侧中部竖向应变片略微鼓起。

第3次加载：纵向位移加载至7mm，峰值荷载达到2688.34kN，较上一阶段，"白色条纹"颜色进一步加深且逐渐趋于交叉，以致试件整体略微泛白，卸载至20kN后，试件表面几乎恢复原色；试件顶部环氧树脂胶体有局部开裂并发出响声。

第4次加载：纵向位移加载至9mm，峰值荷载达到3008.31kN，试件表面环向和斜向"白色条纹"深度加剧，纤维表层有轻微撕裂迹象，趋于裂缝发展；试件南侧中部竖向应变片鼓起较为明显。

第5次加载：纵向位移加载至11mm，峰值荷载达到3262.10kN，试件表面环向和斜向"白色条纹"相互交错叠合在一起形成泛白区域，试件整体泛白更加明显；试件西侧中部环向应变片上方50mm内出现两条环向裂缝。

第6次加载：纵向位移加载至13mm，峰值荷载达到3481.73kN，试件整体泛白程度加深，环向和斜向剪切裂缝增多且明显，尤其是试件西侧中部环向应变片上部100mm范围内裂缝较多且程度较深；试件南侧中部竖向应变片所测数据突变较大，发生失效。

第7次加载：纵向位移加载至15mm，峰值荷载达到3724.07kN，试件整体泛白严重，多处裂缝处纤维拉裂鼓起，发出撕裂声音；试件北侧中部竖向应变片所测数据突变较大，发生失效。

第8次加载：纵向位移加载至17mm，峰值荷载达到3951.81kN，试件整体已严重损伤，裂缝处纤维发生明显错位，形成剪切面，同时发出纤维被拉断时的清脆响声。

第9次加载：纵向位移加载至19mm，在荷载加载至4107.15kN时，一声巨响，位移计脱落，试件上部发生环向断裂，纤维被拉断，内部混凝土被压溃，试件破坏。

试件 GNC-60-150 在加载过程中主要破坏形态见图3-8。

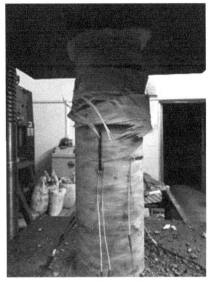

（a）试件环向破坏

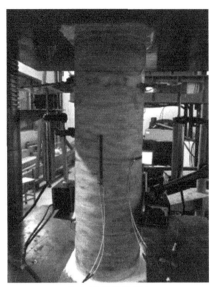

（b）试件整体泛白

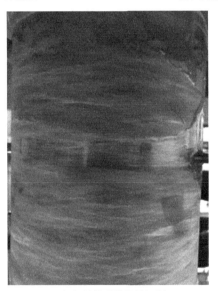

（c）局部裂缝发展加剧

图 3-8　试件 GNC-60-150 破坏形态

3.2　试验结果分析

3.2.1　荷载-位移曲线

各试件荷载-位移曲线见图 3-9，图中纵坐标为竖向荷载，受压为正；横坐标为竖向位移，压缩为正。

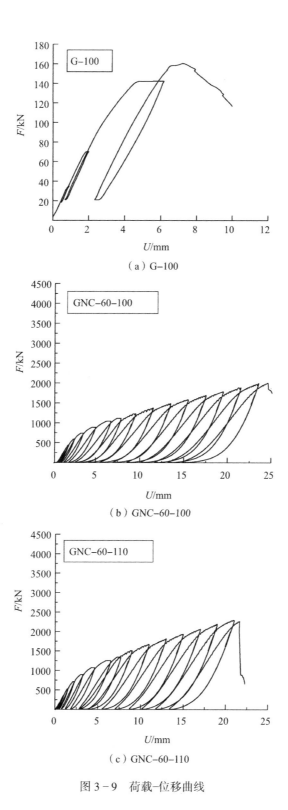

（a）G-100

（b）GNC-60-100

（c）GNC-60-110

图 3-9　荷载-位移曲线

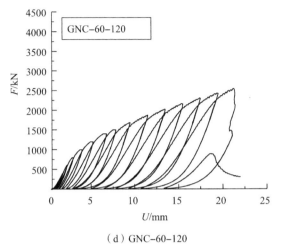

（d）GNC-60-120

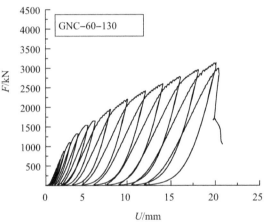

（e）GNC-60-130

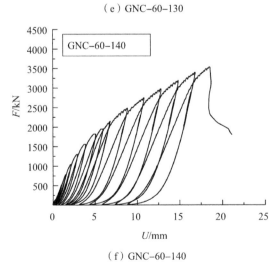

（f）GNC-60-140

图 3-9　荷载-位移曲线（续）

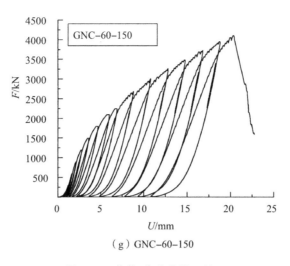

（g）GNC–60–150

图 3–9　荷载-位移曲线（续）

由图 3–9 可知：

（1）加载初期，不同长细比构件的荷载-位移曲线相似，每级荷载卸载至 20kN 时，变形几乎完全恢复，说明此阶段构件处于弹性阶段；随着荷载的不断增大，试件由弹性阶段转为弹塑性阶段，且随着荷载的不断增加，每级荷载下的残余变形逐渐增大；当施荷至峰值荷载的 85% 后，荷载增长速度逐渐下降，位移增长速度逐渐上升，当达到峰值荷载时，试件破坏，此时荷载快速下降，位移急速增加，这是由于核心混凝土被压碎坍落。

（2）试件 G–100 的承载力较低，峰值荷载为 163.37kN，与其相较，试件 GNC–60–100 轴向承载力增加了 11.29 倍，说明内部混凝土防止了 GFRP 管的强度破坏，构件整体承载力得到很大的提升。

（3）试件 GNC–60–100、GNC–60–110、GNC–60–120、GNC–60–130、GNC–60–140 和 GNC–60–150 的峰值荷载分别是 2007.73kN、2299.08kN、2551.74kN、3139.75kN、3537.25kN 和 4107.72kN，随着 GFRP 管直径的增大，试件 GNC–60–150 峰值荷载较 GNC–60–100 增加 1.05 倍，这是由于横截面积的增大，导致其承受荷载的能力增强；试件 GNC–60–120 在加载阶段发生破坏，其他试件均是在卸载阶段破坏，可能是试件浇筑不密实或加载速度过快引起的。

（4）试件 G–100 的极限位移为 8.96mm，与之相较，试件 GNC–60–100、GNC–60–110、GNC–60–120、GNC–60–130、GNC–60–140 和

GNC - 60 - 150 的极限位移分别为 24.58mm、19.81mm、21.38mm、19.24mm、20.50mm、21.00mm，可以看出，GFRP 管和混凝土相互增强，使构件有一个良好的弹塑性变形能力，应用于结构更加安全可靠。

3.2.2 特征荷载和位移

各试件实测特征荷载和位移见表 3-1。

特征荷载与位移　　　　　　　　　　　表 3-1

试 件 编 号	屈服荷载 /kN	屈服位移 /mm	峰值荷载 /kN	峰值位移 /mm	破坏荷载 /kN	破坏位移 /mm	延性系数 μ
G - 100	151.09	6.03	163.37	7.66	138.86	8.96	1.48
GNC - 60 - 100	1496.26	12.02	2007.73	23.08	1870.32	24.58	2.04
GNC - 60 - 110	1760.00	10.20	2299.08	19.00	2200.00	19.81	1.94
GNC - 60 - 120	1945.72	10.95	2551.74	19.72	2432.15	21.38	1.95
GNC - 60 - 130	2298.30	8.45	3139.75	17.61	2872.87	19.24	2.28
GNC - 60 - 140	2720.32	11.43	3537.25	19.27	3400.41	20.50	1.79
GNC - 60 - 150	3120.00	9.84	4107.72	18.51	3900.01	21.00	2.13

延性是构件达到峰值荷载后，承载力无明显下降期间内的变形能力，位移延性系数 $\mu = \Delta_u / \Delta_y$ 是表示延性好坏的常用方式，其值越大，构件变形能力就越好，其中 Δ_u 为破坏位移，Δ_y 为屈服位移。

由表 3-1 可知：

(1) 试件 GNC - 60 - 100 的屈服荷载和位移较试件 G - 100 分别增加了 8.90 倍和 0.99 倍；随着试件直径的增加，各试件屈服荷载不断增大，试件 GNC - 60 - 150 的屈服荷载较试件 GNC - 60 - 100 增加了 1.08 倍，屈服位移降低了 18.14%。

(2) 各 GFRP 管约束高强普通混凝土柱试件的屈强比在 0.73~0.76 之间，各试件屈强比较低，说明了各试件在受力过程中屈服荷载至峰值荷载历程较长，有较高的安全储备。

(3) 试件 GNC - 60 - 100、GNC - 60 - 110、GNC - 60 - 120、GNC - 60 - 130、GNC - 60 - 140 和 GNC - 60 - 150 的位移延性系数较试件 G - 100 分别提高了 37.83%、31.08%、31.75%、54.05%、20.95%、43.92%，平均值

为 36.60%，延性提高幅度较大，说明了 GFRP 管对核心混凝土的约束作用较强且构件具有一定的变形能力。

（4）各 GFRP 管约束高强普通混凝土柱试件的位移延性系数计算值在 1.79~2.28 之间，平均值为 2.02，说明该构件应用于结构具有良好的抗震性能。

3.2.3　骨架和刚度退化曲线

图 3-10 是各试件荷载（F）-位移（U）骨架曲线，图 3-11 是各试件轴向刚度（K）-轴向应变（ε）关系曲线，轴向刚度 K 是由各阶段峰值荷载与对应位移的比值，轴向应变 ε 是由计算长度内实测位移值计算而得。

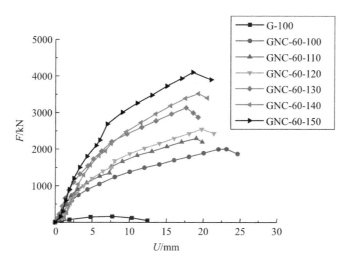

图 3-10　荷载-位移骨架曲线

由图 3-10 可知：

（1）各 GFRP 管约束高强混凝土柱试件的骨架曲线基本一致，但试件 G-100 的发展趋势略有不同，其各阶段荷载和位移均较小；在加载初期，曲线呈线性增长，试件处于弹性阶段，其刚度保持恒定。

（2）随着荷载的加大，曲线变得缓和，内部混凝土损伤加重，试件轴压刚度逐渐减小，当达到峰值荷载后，各试件刚度退化更加明显，且具有相似的发展趋势；各试件骨架曲线下降段较为平缓，承载力衰退较慢，具有一定的延性。

（3）随着 GFRP 管直径的增加，其骨架曲线依次变陡，位移相同增幅下所需荷载逐步增大，相同荷载作用下变形依次减小，说明随着试件直径增大，轴压承载力和刚度逐步增加。

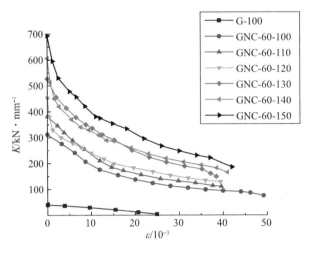

图 3 - 11　刚度-轴向应变关系曲线

由图 3 - 11 可知：

（1）各试件刚度退化曲线走向大体一致，试件 G - 100 轴向刚度-应变曲线基本呈线性关系，初始刚度较小且刚度退化程度较深；试件 GNC - 60 - 100 所能达到的最大弹塑性变形值比其他试件大，这可能与当时加载条件有关。

（2）各试件轴向刚度-应变曲线下降段大致分为两个阶段，即曲线斜率较大阶段和斜率较小阶段，表明了各试件在刚度退化过程中大致经历了刚度快速下降和缓慢下降两个阶段，这主要因为各试件在加载初期，GFRP 管对内部核心混凝土约束效果不明显，导致前期刚度下降较快，随着荷载的增大，GFRP 管对核心混凝土约束力加强，刚度下降略微减慢。

（3）随着 GFRP 直径的增大，各试件轴向刚度-应变曲线下降段下降速率逐渐减慢且各试件所达到最大弹塑性变形值较大，具有一定的安全储备。

3.2.4　荷载-应变曲线

图 3 - 12 为各试件在轴压荷载作用下的轴向应变和环向应变变化曲线，图中纵坐标为竖向荷载，受压为正；横坐标分别为竖向和环向应变，受拉为正。

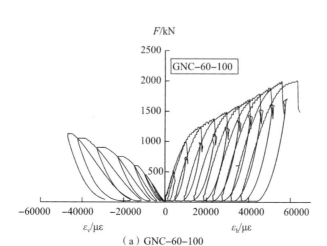

（a）GNC-60-100

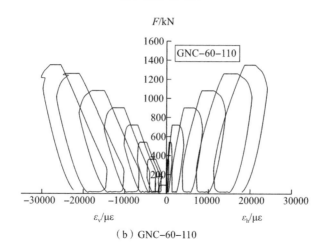

（b）GNC-60-110

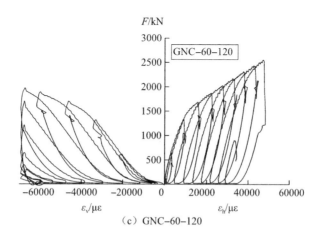

（c）GNC-60-120

图 3-12　荷载-应变曲线

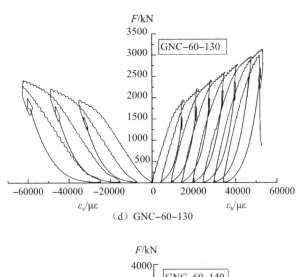

（d）GNC-60-130

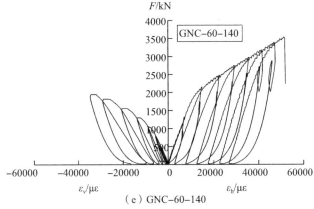

（e）GNC-60-140

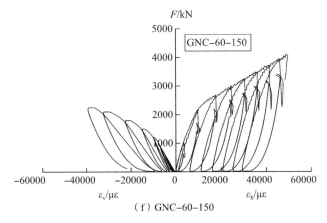

（f）GNC-60-150

图 3-12　荷载-应变曲线（续）

由图 3-12 可知：

（1）各试件荷载-应变曲线和荷载-位移曲线走势几乎相同，发展规律相近。

（2）各试件纵向应变在加载初期发展速率比环向应变快，曲线发展几乎呈线性变化，这时试件处于弹性阶段，GFRP 管的约束力较弱；试件随荷载增加逐渐向弹塑性阶段转化，塑性变形快速增大，约束作用逐渐增强。

（3）当荷载达到峰值荷载的 40% 左右时，荷载-轴向（环向）应变曲线斜率均逐渐下降，此时环向应变发展快于纵向应变，这是由于内部混凝土向外膨胀，GFRP 管对其约束作用增强，环向应变发展较快，试件破坏时，各测点应变均已超过屈服值。

（4）试件破坏时，环向最大极限应变接近 $65000\mu\varepsilon$，这是由于试件中部测点位置出现鼓凸造成的，说明试件整体受力较均匀，变形接近；轴向应变大多略小于环向应变，这是因为在轴压过程中，轴向应变片由于试件竖向变形较大导致轴向应变片提前破坏。

3.2.5　荷载-残余位移曲线

图 3-13 是各试件在单向重复荷载作用下每级荷载所对应的残余位移，图中 F 为峰值荷载，Δ 为每级荷载卸载到 20kN 时所对应的位移。

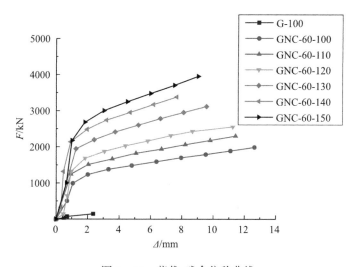

图 3-13　荷载-残余位移曲线

由图 3-13 可知：

（1）各试件荷载-残余位移曲线走势大致相同；在加载初期，每级荷载卸载后，变形几乎完全恢复，残余变形可忽略不计，试件处于弹性阶段；随着荷载的增大，GFRP 管和混凝土损伤加剧，卸载后，变形不能完全恢复，残余变形逐渐增大，试件进入弹塑性阶段。

（2）试件 G‑100 承载力较低，破坏时发生的塑性变形相对较小；其他试件最终残余位移分别为 12.63mm、11.42mm、11.24mm、9.56mm、7.67mm 和 9.03mm，说明 GFRP 管高强普通混凝土柱具有良好的弹塑性变形能力。

3.3　本章小结

本章节通过对 6 个不同直径 GFRP 管高强普通混凝土柱和 1 个 GFRP 管的轴心重复受压试验，分析了其破坏模式和破坏机理，结果表明：

（1）在轴压作用下，试件 G‑100 破坏时峰值荷载较小，承载力较低，破坏时主要表现出纤维被压溃堆积在一块；各 GFRP 管约束高强普通混凝土柱破坏过程大致类似，即各试件发生环向破坏，内部混凝土被压溃。

（2）试件 GNC‑60‑100 的位移延性系数较试件 G‑100 提高了37.83%，各 GFRP 管约束高强混凝土柱试件的位移延性系数在 1.79~2.28之间，平均值为 2.02，表明各 GFRP 管约束高强混凝土柱构件能使结构具有良好的抗震性能。

（3）各试件骨架曲线走势大致相同，与试件 G‑100 相较，试件 GNC‑60‑100 轴向承载力增加了 11.29 倍；随着试件直径的增大，各试件轴向承载力逐渐增加，试件 GNC‑60‑150 的峰值荷载较试件 GNC‑60‑100 增加1.05 倍。

（4）各试件轴向刚度‑应变曲线下降段大致分为两个阶段，即曲线斜率较大阶段和斜率较小阶段，表明了各试件在刚度退化过程中大致经历了刚度快速下降和缓慢下降两个阶段；随着 GFRP 直径的增大，各试件轴向刚度‑应变曲线下降段下降速率逐渐减慢且各试件所达到最大弹塑性变形值较大，具有一定的安全储备。

（5）荷载‑轴向（环向）应变与荷载‑位移发展规律相近；纵向应变在加载初期发展比环向应变快，此时 GFRP 管的约束力较弱，当荷载加至峰值荷载的 40% 时，应变发展速度截然相反，内部混凝土向外膨胀，GFRP 管对其约束力增大。

（6）在加载初期，各试件残余变形小，试件处于弹性阶段，随着荷载的加大，塑性变形逐渐增加；GFRP 管混凝土柱具有良好的弹塑性变形能力，更加安全可靠。

GFRP管再生混凝土柱轴心受压性能试验分析

第4章

本章通过 GFRP 管约束再生混凝土柱的轴心重复受压试验，对其破坏模式和破坏机理进行了分析，总结了不同直径对 GFRP 管约束再生混凝土柱承载力和刚度的影响规律。

4.1　试验现象与破坏特征

对 6 个 GFRP 管约束再生混凝土柱试件进行了轴压重复试验，编号依次为：GRC－40－100、GRC－40－110、GRC－40－120、GRC－40－130、GRC－40－140 和 GRC－40－150，上一章节所用 G－100 空管与本章所用 GFRP 管属同一批次材料，故试验数据的采取与上一章节相同。为了方便对试验现象的描述，各试件相对方位表示见图 4－1。

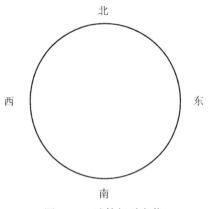

图 4－1　试件相对方位

各试件加载过程分为两个阶段：即荷载加载阶段和位移加载阶段。各 GFRP 管约束再生混凝土柱试件在荷载加载控制阶段均未发生明显变化，其中试件 GRC－40－110 位移加载控制时的位移极差为 4mm，其他试件均为 2mm。以下对各试件位移加载控制阶段试验现象进行描述。

（1）试件 GRC – 40 – 100 破坏过程

第 1 次加载：纵向位移加载至 4.24mm，峰值荷载达到 643.01kN，试件表面无明显变化。

第 2 次加载：纵向位移加载至 6.24mm，峰值荷载达到 751.27kN，试件表面出现轻微的环向和斜向"白色条纹"痕迹，卸载至 20kN 后，"白色条纹"痕迹几乎消失。

第 3 次加载：纵向位移加载至 8.24mm，峰值荷载达到 843.75kN，试件表面"白色条纹"痕迹较上一阶段稍微加深；试件西侧距底部 140mm 处出现一条轻微环向裂缝；试件南侧中部竖向应变片轻微鼓起。

第 4 次加载：纵向位移加载至 10.24mm，峰值荷载达到 927.30kN，试件表面环向和斜向"白色条纹"颜色逐渐加深，局部形成小白块；试件西侧距底部 140mm 处的环向裂缝更加明显。

第 5 次加载：纵向位移加载至 12.24mm，峰值荷载达到 1005.61kN，试件表面"白色条纹"相互交错，叠合在一起，逐渐形成泛白区域，试件整体轻微泛白；原试件西侧环向裂缝更加明显，出现剪切面，纤维向外凸起；

第 6 次加载：纵向位移加载至 14.24mm，峰值荷载达到 1081.44kN，试件表面"白色条纹"几乎全部叠合在一起，试件整体泛白较上阶段更加明显；管身多处开始出现轻微环向或斜向裂缝；试件南侧中部竖向应变片所测数据突变较大，鼓起严重，发生失效。

第 7 次加载：纵向位移加载至 16.24mm，峰值荷载达到 1152.13kN，试件表面整体泛白程度较上阶段更加明显；试件西侧距顶部 120～140mm 范围内出现两条较为明显的环向裂缝，纤维轻微向外鼓起；在加载过程中试件顶部环氧树脂胶体局部开裂并发出清脆的开裂声。

第 8 次加载：纵向位移加载至 18.24mm，峰值荷载达到 1230.04kN，试件表面整体泛白严重，卸载至 20kN 后，管身无明显变化，试件损伤较为严重，原有裂缝更加明显；试件西侧中部环向应变片轻微鼓起。

第 9 次加载：纵向位移加载至 20.24mm，峰值荷载达到 1303.27kN，试件表面几乎完全泛白，在加载过程中发出纤维撕裂的声音；试件北侧中部竖向应变片所测数据突变较大，鼓起严重，发生破坏。

第 10 次加载：纵向位移加载至 22.24mm，峰值荷载达到 1370.82kN，试件表面整体泛白严重，试件南侧中部应变片周围裂缝增多且密集，出现了明显的破坏痕迹，并发出纤维被拉断的声音。

第 11 次加载：纵向位移加载至 24.24mm，在加载过程中，一声巨响，试件中部发生环向破坏，纤维被拉断，内部混凝土被压毁，西侧中部位移计脱落，试验结束。

试件 GRC-40-100 在加载过程中主要破坏形态见图 4-2。

 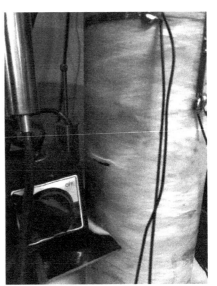

（a）试件环向破坏　　　　　　　　　　　（b）局部出现裂缝

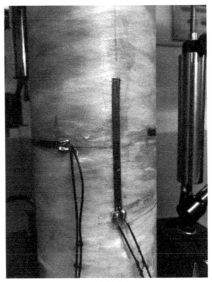

（c）应变片鼓起

图 4-2　试件 GRC-40-100 破坏形态

（2）试件 GRC-40-110 破坏过程

第 1 次加载：纵向位移加载至 9.5mm，峰值荷载达到 1232.62kN，试件表面环向和斜向"白色条纹"颜色较深且相互交错、叠合在一起，管身整体轻微泛白，卸载至 20kN 后，试件表面有一定程度的恢复；试件东侧距底部 160mm 处出现轻微表皮撕裂痕迹。

第 2 次加载：纵向位移加载至 13.5mm，峰值荷载达到 1394.41kN，试件表面整体泛白较为严重，裂缝增多且原有裂缝程度加深；试件东侧距底部 160mm 处裂缝较为明显，裂缝处纤维出现错位；试件西侧中部环向应变片上方 150mm 范围内出现多条相互交错的裂缝且程度较深。

第 3 次加载：纵向位移加载至 17.5mm，峰值荷载达到 1559.36kN，试件整体泛白严重，环向裂缝和斜向裂缝增多且相互交错，原有裂缝更加明显；试件南、北侧中部竖向应变片所测数据突变较大，损伤严重，发生失效。

第 4 次加载：纵向位移加载至 21.5mm，峰值荷载达到 1649.49kN，在加载过程中，一声巨响，试件中上部发生环向破坏，内部混凝土被压碎，位移迅速增加，而荷载快速下降，试件破坏。

试件 GRC-40-110 在加载过程中主要破坏形态见图 4-3。

（3）试件 GRC-40-120 破坏过程

第 1 次加载：纵向位移加载至 6.5mm，峰值荷载达到 1280.27kN，试件表面出现轻微环向和斜向"白色条纹"痕迹，卸载至 20kN 后，试件表面有一定程度的恢复。

第 2 次加载：纵向位移加载至 8.5mm，峰值荷载达到 1410.02kN，试件表面环向和斜向"白色条纹"较上阶段更加明显且逐渐相互交错；试件南侧距顶部 100mm 范围内出现两条环向裂缝，西侧中部环向应变片下边缘出现一条较为明显的环向裂缝；试件南侧中部竖向应变片鼓起。

第 3 次加载：纵向位移加载至 10.5mm，峰值荷载达到 1530.71kN，试件表面环向和斜向"白色条纹"继续加深且叠合在一起，逐渐形成泛白区域；原有环向裂缝更加明显，裂缝处纤维出现错位。

第 4 次加载：纵向位移加载至 12.5mm，峰值荷载达到 1632.83kN，试件表面整体泛白较上阶段更加严重，试件南侧距顶部 100mm 范围内的两条

（a）试件环向破坏　　　　　　　　　　　（b）应变片鼓起严重

图 4-3　试件 GRC-40-110 破坏形态

环向裂缝破坏严重，内部纤维向外鼓起。

第 5 次加载：纵向位移加载至 14.5mm，峰值荷载达到 1736.90kN，试件表面"白色条纹"几乎全部叠合在一起，管身整体泛白严重且裂缝大面积增多；试件南侧中部竖向应变片损伤严重，发生失效。

第 6 次加载：纵向位移加载至 16.5mm，峰值荷载达到 1819.81kN，试件整体泛白严重，环向和斜向裂缝相互交错，几乎布满管壁，试件中下部裂缝出现较多且密集，即将破坏。

第 7 次加载：纵向位移加载至 18.5mm，在加载过程中，"碰"的一声巨响，试件中下部发生环向破坏，纤维被拉断，内部混凝土被压溃。

试件 GRC-40-120 在加载过程中主要破坏形态见图 4-4。

（4）试件 GRC-40-130 破坏过程

第 1 次加载：纵向位移加载至 5mm，峰值荷载达到 1327.68kN，试件表面几乎无明显变化。

第 2 次加载：纵向位移加载至 7mm，峰值荷载达到 1532.74kN，试件表面出现轻微环向和斜向"白色条纹"痕迹。

第 3 次加载：纵向位移加载至 9mm，峰值荷载达到 1696.02kN，试件表面"白色条纹"颜色较上阶段稍微加深，卸载至 20kN 后，试件表面"白色

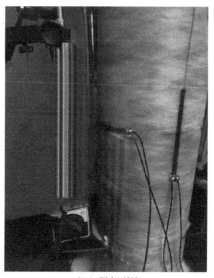

（a）试件环向破坏 （b）局部裂缝

（c）应变片鼓起

图4－4 试件GRC－40－120破坏形态

条纹"颜色有一定程度的恢复。

第5次加载：纵向位移加载至13mm，峰值荷载达到1966.86kN，试件表面"白色条纹"痕迹相互交错、叠合在一起，逐渐形成泛白区域；部分"白色条纹"纤维处轻微撕裂，有发展成裂缝的趋势；试件南侧中部竖向应变片鼓起。

第 6 次加载：纵向位移加载至 15mm，峰值荷载达到 2087.65kN，试件整体泛白较严重，多处出现裂缝痕迹，试件南侧中部竖向应变片所测数据突变较大，发生失效。

第 7 次加载：纵向位移加载至 17mm，峰值荷载达到 2215.61kN，试件表面整体泛白严重，裂缝大面积增多且发展程度较深；试件北侧中部竖向应变片所测数据突变较大，损伤严重，发生失效。

第 8 次加载：纵向位移加载至 19mm，峰值荷载达到 2331.76kN，试件表面裂缝处纤维向外鼓起严重，在加载过程中，一声巨响，试件发生环向破坏，纤维被拉断，内部混凝土被压溃。

试件 GRC-40-130 在加载过程中主要破坏形态见图 4-5。

 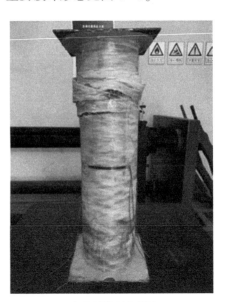

（a）局部裂缝　　　　　　　　　　（b）试件环向破坏

图 4-5　试件 GRC-40-130 破坏形态

（5）试件 GRC-40-140 破坏过程

第 1 次加载：纵向位移加载至 4.5mm，峰值荷载达到 1509.44kN，试件表面几乎无明显变化。

第 2 次加载：纵向位移加载至 6.5mm，峰值荷载达到 1754.96kN，试件表面出现轻微环向和斜向"白色条纹"痕迹，卸载至 20kN 后，"白色条纹"颜色有较大程度的恢复。

第3次加载：纵向位移加载至8.5mm，峰值荷载达到1925.42kN，试件表面"白色条纹"痕迹较上阶段稍加明显；试件北侧中部竖向应变片发生鼓起。

第4次加载：纵向位移加载至10.5mm，峰值荷载达到2062.84kN，试件表面"白色条纹"颜色加深且逐渐扩展变长，部分相互叠加在一起，使表面局部轻微泛白；试件东侧距底部约140mm处出现一条轻微环向裂缝，试件南侧中部竖向应变片鼓起。

第5次加载：纵向位移加载至12.5mm，峰值荷载达到2206.06kN，试件表面整体泛白较严重；管身多处出现裂缝且原有裂缝扩展变大，试件东侧距底部100mm范围内出现两条明显的环向裂缝，裂缝处纤维出现错位，并向外凸起；试件北侧中部竖向应变片所测数据突变较大，发生失效。

第6次加载：纵向位移加载至14.5mm，峰值荷载达到2317.38kN，试件表面整体泛白较上阶段更加明显，裂缝继续增多且原有裂缝扩展更大，多处裂缝处纤维出现错位，纤维向外凸起明显，并伴有纤维撕裂声。

第7次加载：纵向位移加载至16.5mm，峰值荷载达到2420.37kN，试件整体泛白严重，卸载至20kN后，表面无明显变化，试件损伤严重；管身大面积出现纵横交错的剪切裂缝，裂缝处纤维被撕裂向外凸起严重；试件南侧中部竖向应变片所测数据变为零，发生失效。

第8次加载：纵向位移加载至18.5mm，峰值荷载达到2453.28kN，试件多处裂缝扩展加大，中下部裂缝密集且向外凸起严重，核心混凝土外露。

第9次加载：纵向位移加载至20.5mm，在加载过程中，一声巨响，试件中部两个位移计脱落，GFRP管发生环向破坏，内部混凝土被压溃。

试件GRC-40-140在加载过程中主要破坏形态见图4-6。

（6）试件GRC-40-150破坏过程

第1次加载：纵向位移加载至5mm，峰值荷载达到1306.31kN，试件表面无明显变化。

第2次加载：纵向位移加载至7mm，峰值荷载达到1703.67kN，试件表面开始出现轻微环向和斜向"白色条纹"痕迹，顶部环氧树脂胶体有少许

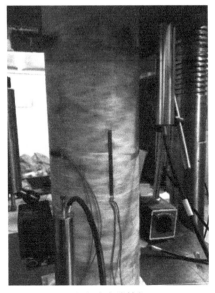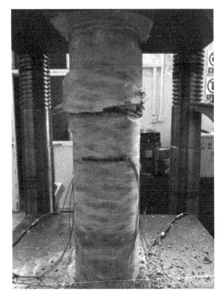

（a）应变片鼓起　　　　　　　　　（b）试件环向破坏

图 4－6　试件 GRC－40－140 破坏形态

开裂并脱落。

第 3 次加载：纵向位移加载至 9mm，峰值荷载达到 1970.03kN，试件表面环向和斜向"白色条纹"痕迹较上阶段略有加深；试件南侧中部竖向应变片轻微鼓起。

第 4 次加载：纵向位移加载至 11mm，峰值荷载达到 2186.07kN，试件表面"白色条纹"增多，有个别"白色条纹"痕迹颜色加深，表皮纤维被轻微撕裂；试件北侧中部竖向应变片轻微鼓起。

第 5 次加载：纵向位移加载至 13mm，峰值荷载达到 2360.91kN，试件表面"白色条纹"相互叠合在一起，试件整体轻微泛白；管身多处出现环向裂缝，试件北侧中部竖向应变片附近出现两条较为明显的环向裂缝，裂缝处纤维发生错位，向外轻微凸起；试件南侧距顶部 90mm 处出现一条较长的环向裂缝。

第 6 次加载：纵向位移加载至 15mm，峰值荷载达到 2517.55kN，试件表面整体泛白较上阶段更加明显，裂缝增多且原有裂缝程度加剧；试件南侧中部竖向应变片鼓起严重，所测数据突变较大，发生失效。

第 7 次加载：纵向位移加载至 17mm，峰值荷载达到 2668.42kN，试件整体泛白严重，卸载至20kN后，管身无明显变化；试件表面裂缝增多，原有裂缝破坏更加明显，裂缝处纤维向外凸起更甚；试件北侧中部竖向应变片所测数据突变较大，发生失效。

第8次加载：纵向位移加载至19mm，峰值荷载达到2840.64kN，试件整体已严重泛白，裂缝增多且集中在试件中部，原有裂缝扩展变大，裂缝处纤维错位严重，形成剪切面且发出纤维撕裂声。

第9次加载：纵向位移加载至21mm，在加载过程中，伴随一声响声，GFRP管纤维被拉断，内部混凝土被压碎漏出。

试件GRC-40-150在加载过程中主要破坏形态见图4-7。

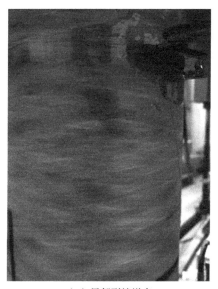 

（a）局部裂缝增多　　　　　　　　　　（b）试件环向破坏

图4-7　试件GRC-40-150破坏形态

4.2　试验结果分析

4.2.1　荷载-位移曲线

图4-8是各试件荷载-位移关系曲线，反映了各试件在单向重复荷载作用下竖向位移的变化特征；图中纵坐标为竖向荷载，受压为正，横坐标为竖向位移，压缩为正；试件GRC-40-110位移控制时的位移增幅为4mm，其他试件均为2mm。

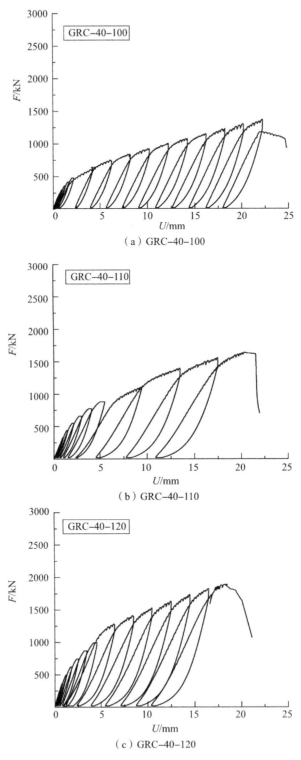

（a）GRC-40-100

（b）GRC-40-110

（c）GRC-40-120

图 4-8　荷载-位移关系曲线

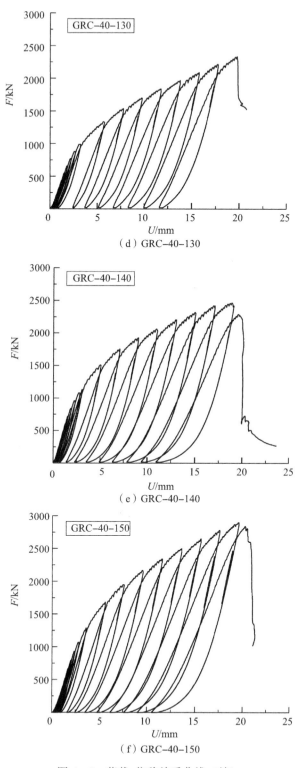

（d）GRC-40-130

（e）GRC-40-140

（f）GRC-40-150

图 4-8　荷载-位移关系曲线（续）

由图 4-8 可知:

(1) 在高度一定时,构件的轴压性能受截面直径的影响较大,不同截面直径试件的荷载-位移曲线大致趋势基本相似,在加载初期,试件 G-100、GRC-40-100、GRC-40-110、GRC-40-120、GRC-40-130、GRC-40-140 和 GRC-40-150 荷载-位移曲线均呈线性关系,每级荷载卸载后变形几乎完全恢复,说明此阶段构件处于弹性阶段;随着荷载的不断增大,试件由弹性阶段转为弹塑性阶段,荷载继续增加,每级荷载下的残余变形逐渐增大;当荷载达到峰值荷载 80% 后,位移增幅比荷载增幅大,当荷载增至极限荷载时,试件破坏,此时荷载快速下降,位移急速增加,这是由于核心混凝土被压碎坍落。

(2) 各 GFRP 管约束再生混凝土柱试件的截面直径由 100mm 增加至 150mm,其峰值荷载增加了 1.07 倍左右;随着荷载的增加,不同截面直径试件的轴向刚度发生变化,试件荷载-位移曲线上升段变得缓和且趋于横轴,说明了随着试件直径的减小,各试件轴压承载力和刚度逐渐减小,但各试件的塑性变形逐步增加。

(3) 试件 G-100 承载力较低,相比较下,试件 GRC-40-100 轴向承载力增加了 7.39 倍,说明混凝土的存在防止了 GFRP 管发生强度破坏,构件整体承载力得到了很大的提升。

(4) 试验过程中,试件 GRC-40-110 位移加载步幅较大,但对其峰值荷载和最终位移没有明显影响;试件 G-100 的最大位移为 8.96mm,与其相比,试件 GRC-40-100、GRC-40-110、GRC-40-120、GRC-40-130、GRC-40-140 和 GRC-40-150 的最大位移分别为 23.58mm、21.43mm、18.90mm、19.08mm、19.79mm、20.54mm,可以看出,在 GFRP 管和混凝土相互约束和支撑的作用下,使 GFRP 管再生混凝土柱具有良好的弹塑性变形能力,增加了结构的安全性。

4.2.2 特征荷载和位移

各试件实测特征荷载和位移见表 4-1。

特征荷载与位移 表4-1

试件编号	屈服荷载 /kN	屈服位移 /mm	峰值荷载 /kN	峰值位移 /mm	破坏荷载 /kN	破坏位移 /mm	延性系数 /μ
G-100	151.09	6.03	163.37	7.66	138.86	8.96	1.48
GRC-40-100	1040.29	13.18	1370.82	22.22	1300.36	23.58	1.79
GRC-40-110	1269.07	10.48	1649.49	20.09	1586.34	21.43	2.04
GRC-40-120	1440.30	9.17	1819.81	17.49	1800.37	18.90	2.06
GRC-40-130	1709.09	9.22	2331.76	17.94	2136.36	19.08	2.07
GRC-40-140	1856.29	8.94	2453.28	18.54	2320.37	19.79	2.21
GRC-40-150	2287.87	10.13	2840.64	19.02	2859.84	20.54	2.03

由表4-1可知：

（1）试件GRC-40-100的屈服荷载和位移较试件G-100分别增加了5.89倍和1.19倍；随着试件直径的增加，各试件屈服荷载不断增大，试件GRC-40-150的屈服荷载较试件GRC-40-100增加了1.20倍，屈服位移降低了23.14%。

（2）各GFRP管约束再生混凝土柱试件的屈强比在0.76~0.80之间，各试件屈强比较低，说明了各试件在受力过程中屈服荷载至峰值荷载历程较长，有较高的安全储备。

（3）试件GRC-40-100、GRC-40-110、GRC-40-120、GRC-40-130、GRC-40-140和GRC-40-150的位移延性系数较试件G-100分别提高了20.95%、37.84%、39.19%、39.86%、49.32%、37.16%，平均值为37.33%，延性提高幅度较大，说明了GFRP管对核心混凝土的约束作用较好且有一个良好的变形能力。

（4）各GFRP管约束再生混凝土柱试件的位移延性系数计算值在1.79~2.21之间，平均值为2.03，与GFRP管约束高强普通混凝土柱构件相比，延性系数稍大，延性更好，也表明了GFRP管约束再生混凝土柱构件用于工程结构中具有良好的抗震性能。

4.2.3 骨架和刚度退化曲线

图4-9是各试件荷载（F）-位移（U）骨架曲线，图4-10是各试件轴向刚度（K）-轴向应变（ε）关系曲线，轴向刚度K是由各阶段峰值荷载

与对应位移的比值，轴向应变 ε 是由计算长度内实测位移值计算而得。

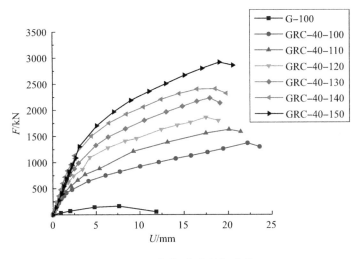

图 4 - 9　荷载-位移骨架曲线

由图 4 - 9 可知：

（1）各 GFRP 管约束再生混凝土柱试件的骨架曲线基本一致，但试件 G - 100 的发展趋势略有不同，其各阶段荷载和位移均较小；曲线在加载初期发展趋势呈线性变化，试件处于弹性阶段，各试件轴压刚度几乎保持不变。

（2）随着荷载的加大，曲线变得缓和，混凝土损伤加剧，各试件的轴向刚度下降，当达到峰值荷载后，各试件刚度退化更加明显，且具有相似的发展趋势；各试件骨架曲线下降段较为平缓，承载力衰退较慢，具有一定的延性。

（3）随着 GFRP 管直径增大，其骨架曲线依次变陡，位移相同增幅下所需荷载逐步增大，相同荷载作用下变形依次减小，说明随着试件直径增大，构件轴压承载力和刚度逐步增加。

由图 4 - 10 可知：

（1）各试件的刚度退化曲线趋势大致相同，试件 G - 100 轴向刚度-应变曲线基本呈线性关系，初始刚度较小且刚度退化程度较深；随着试件直径的增加，各 GFRP 管约束再生混凝土试件的初始刚度也随之增大，增量维持在 50kN/mm 左右；在加载初期，各试件刚度退化曲线基本呈线性关系，试件处于弹性阶段。

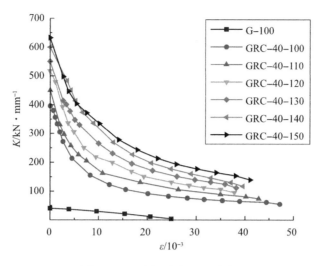

图4-10　刚度-应变关系曲线

（2）各试件轴向刚度-应变曲线下降段大致分为两个阶段，即曲线斜率较大阶段和斜率较小阶段，表明了各试件在刚度退化过程中大致经历了刚度快速下降和缓慢下降两个阶段，这主要因为各试件在加载初期，GFRP管对内部核心混凝土约束效果不明显，导致前期刚度下降较快，随着荷载的增大，GFRP管对核心混凝土约束力加强，刚度下降略微减慢。

（3）随着试件直径增大，试件轴向刚度-应变曲线下降段下降速率逐渐减慢且各试件所达到最大弹塑性变形值较大，具有一定的安全储备。

4.2.4　荷载-应变曲线

图4-11是各试件荷载-轴向（环向）应变关系曲线，反映了各试件在单向重复荷载作用下竖向应变和环向应变的变化特征；图中纵坐标为加载过程中施加的竖向荷载，受压为正，横坐标分别为竖向和环向应变，受拉为正；试件 GRC-40-110 位移控制时的位移增幅为 4mm，其他试件均为 2mm。

由图4-11可知：

（1）各曲线和荷载-位移曲线发展规律相近，在加载初期，试件纵向应变发展速率比环向应变快，曲线发展趋势几乎呈线性变化，这时试件处于弹性阶段，GFRP管的约束力较弱；继续加载，试件向弹塑性阶段转变，塑性变形快速增大，约束作用逐渐增强。

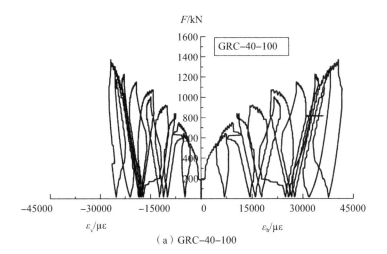

（a）GRC-40-100

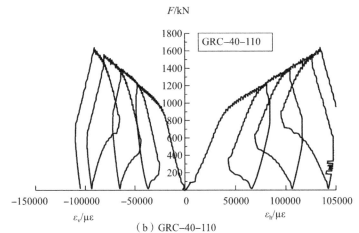

（b）GRC-40-110

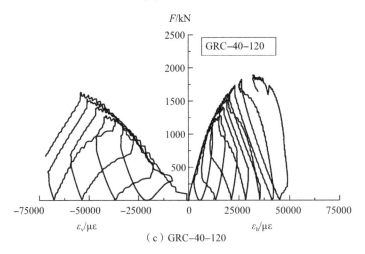

（c）GRC-40-120

图 4–11　荷载-应变曲线

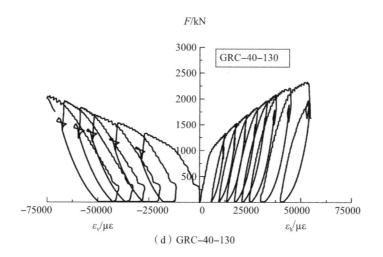

（d）GRC-40-130

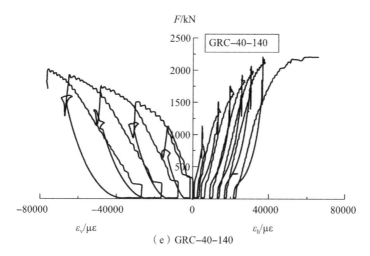

（e）GRC-40-140

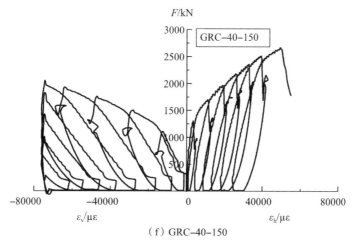

（f）GRC-40-150

图 4-11　荷载-应变曲线（续）

（2）当荷载达到峰值荷载的40%左右时，荷载-轴向（环向）应变曲线斜率均逐渐下降，此时环向应变发展快于纵向应变，这是由于内部混凝土向外膨胀，GFRP管对其约束作用增强，环向应变发展较快，试件破坏时，各测点应变均已超过屈服值。

（3）试件破坏时，试件 GRC－40－110 最大极限应变达到了 150000με，这是由于该试件最终破坏严重，环向应变片变形过大，最终被拉断，使其应变发展较大；其余各试件环向最大极限应变接近 65000με，这是由于试件中部测点位置出现鼓凸造成的，说明试件整体受力较均匀，变形接近；轴向应变大多略小于环向应变，这是因为在轴压过程中，由于试件竖向变形较大导致轴向应变片提前破坏。

4.2.5　荷载-残余位移曲线

图 4－12 是各试件在单向重复荷载作用下每级荷载所对应的残余位移，图中 F 为峰值荷载，Δ 为每级荷载卸载到 20kN 时所对应的位移。

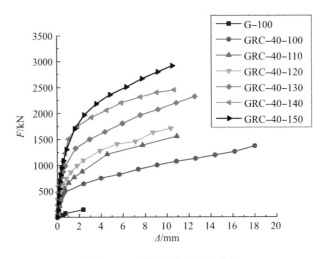

图 4－12　荷载-残余位移曲线

由图 4－12 可知：

（1）各试件荷载-残余位移曲线走势大致相同；在加载初期，每级荷载卸载后，变形几乎完全恢复，残余变形很小，试件处于弹性阶段；随着荷载的增大，GFRP管和混凝土损伤加剧，卸载后，变形不能完全恢复，残余变形逐渐增大，试件进入弹塑性阶段。

（2）随着试件直径增大，其荷载-残余位移曲线逐渐变陡，相同荷载下试件的残余变形依次减小，相同残余位移下试件所需荷载依次增大，说明随着试件直径增大，轴压承载力和刚度逐步增加。

（3）G-100 承载力较低，破坏时发生的塑性变形相对较小，属于脆性破坏，其他试件最终残余位移最小为 8.23mm，最大为 18.01mm，表明 GFRP 管约束再生混凝土柱具有良好的弹塑性变形能力。

4.3　本章小结

本章通过对 6 个不同直径 GFRP 管再生混凝土柱的轴心重复受压试验，对其破坏模式和破坏机理进行了分析，结果表明：

（1）在轴压作用下，各 GFRP 管约束再生混凝土柱破坏过程大致类似，破坏规律相近，最终各试件发生环向破坏，内部混凝土被压溃。

（2）试件 GRC-40-100 的屈服荷载和位移较试件 G-100 分别增加了 5.89 倍和 1.19 倍，试件 GRC-40-150 的屈服荷载较试件 GRC-40-100 增加了 1.20 倍，屈服位移降低了 23.14%；各 GFRP 管约束再生混凝土柱试件的位移延性系数计算值在 1.79~2.21 之间，平均值为 2.03，与 GFRP 管约束高强普通混凝土柱构件相比，延性系数较大，延性更好。

（3）各试件荷载-位移曲线走势大致相同，与试件 G-100 相较，试件 GRC-40-100 轴向承载力增加了 7.39 倍；随着试件直径的增大，各试件轴向承载力逐渐增加，试件 GRC-40-150 的峰值荷载较试件 GRC-40-100 增加 1.07 倍。

（4）各 GFRP 管约束再生混凝土柱试件的骨架曲线基本一致，随着 GFRP 管直径增大，其骨架曲线依次变陡，说明随着试件直径增大，构件轴压承载力逐步增加。

（5）各试件轴向刚度-应变曲线下降段大致分为两个阶段，即各试件在刚度退化过程中的刚度快速下降阶段和缓慢下降阶段；随着试件直径增大，试件轴向刚度-应变曲线下降段下降速率逐渐减慢且各试件所能达到最大弹塑性变形值较大，具有一定的安全储备。

（6）荷载-轴向（环向）应变与荷载-位移发展规律相近；纵向应变在

加载初期发展比环向应变快，此时 GFRP 管的约束力较弱，当荷载加至峰值荷载的 40% 时，应变发展速度截然相反，内部混凝土向外膨胀，GFRP 管对其约束力增大。

（7）试件 G-100 承载力较低，破坏时发生的塑性变形相对较小，属于脆性破坏，与其相较，其他试件最终残余位移最小值为 8.23mm，最大值为 18.01mm，表明 GFRP 管约束再生混凝土柱具有良好的弹塑性变形能力。

第 5 章

GFRP管混凝土柱轴压承载力计算

5.1 基本假定

根据极限平衡理论，将构件看成是由 GFRP 管和内部混凝土两种材料组成，两者之间相互增强，从而使构件具有更高的强度和变形性能。在对其承载力计算过程中，作如下假定：

（1）GFRP 管和内部混凝土之间无相对滑移；

（2）忽略 GFRP 管所受到的径向应力；

（3）轴向应力和环向应力沿壁厚方向均匀分布；

（4）内部混凝土受均匀约束作用。

5.2 GFRP 管屈服准则

相关研究结果表明：随着荷载的增加，内部混凝土轴向应变逐渐变大，导致 GFRP 管环向拉应力逐步增强，于是 GFRP 管的套箍作用就越来越强。当 GFRP 管环向抗拉强度增加到极限值时，GFRP 管纤维发生断裂，内部混凝土失去约束作用，构件迅速破坏。

纤维复合材料一般由增强相（纤维）和基体两者共同组成，属于正交各向异性材料，其组成及对方向的定义如图 5-1 所示。

上式中，X_t、X_c -纤维环向抗拉和抗压强度，Y_t、Y_c -纤维竖向抗拉和抗压强度，S -面内剪切屈服强度。

Tsai - Hill 根据复合材料组成特性，提出了适用于均匀正交各向异性复合材料单向板的屈服准则，见下式：

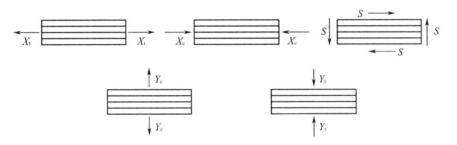

图 5-1 正交各向异性单向板组成

$$\left(\frac{\sigma_{f\theta}}{X}\right)^2 + \left(\frac{\sigma_{fx}}{Y}\right)^2 - \frac{\sigma_{f\theta}\sigma_{fx}}{X^2} + \left(\frac{\tau_m}{S}\right)^2 = 1 \qquad (5-1)$$

由于 GFRP 管属于正交各向异性材料且与钢管混凝土作用机理相似，而且 GFRP 管在轴压过程中承受环向受拉作用和轴向受压作用，纵向面内剪切应力对其影响很小，可忽略不计，因此，式（5-1）的屈服准则可简化为：

$$\left(\frac{\sigma_{f\theta}}{X}\right)^2 + \left(\frac{\sigma_{fx}}{Y}\right)^2 - \frac{\sigma_{f\theta}\sigma_{fx}}{X^2} = 1 \qquad (5-2)$$

式中：X——环向抗拉强度，当沿纤维方向为单向拉伸或压缩时，X 取值分别是 X_t 和 X_c；

Y——竖向抗压强度，当沿垂直于纤维方向为单向拉伸或压缩时，Y 取值分别是 Y_t 和 Y_c；

$\sigma_{f\theta}$——GFRP 管环向应力；

σ_{fx}——GFRP 管竖向应力；

τ_m——面内纵向剪切应力；

S——面内剪切屈服强度。

5.3　约束混凝土强度分析

依据文献［87］，混凝土三向受压强度与侧向压应力的关系式为：

$$f_c^* = f_c + K\sigma_R \qquad (5-3)$$

式中：f_c^*——三向受压混凝土强度；

f_c——混凝土轴心抗压强度；

K——侧向约束效应系数；

σ_{R}——混凝土侧向压应力。

K 的取值受纤维缠绕角的影响较大，而缠绕角对构件的承载力也有很大的影响，本书参考了文献 [2] 中有关 FRP 管混凝土柱计算模型，推导出 K 值表达式如下：

$$K = \frac{N_{\max} - A_{\mathrm{f}}\sigma_{\mathrm{f}} - A_{\mathrm{c}}f_{\mathrm{c}}}{A_{\mathrm{c}}\sigma_{\mathrm{R}}} \tag{5-4}$$

$$\sigma_{\mathrm{R}} = \frac{f_{\mathrm{h}}t}{d/2} \tag{5-5}$$

$$\sigma_{\mathrm{f}} = E_{\mathrm{gfrp}}\varepsilon_{\mathrm{c}} \tag{5-6}$$

式中：$N_{\max}$——构件承载力；

σ_{f}——GFRP 管压应力；

f_{h}——GFRP 管环向抗拉强度；

E_{gfrp}——GFRP 管弹性模量；

ε_{c}——混凝土极限应变；

d——GFRP 管内径；

A_{c}、A_{f}——混凝土和 GFRP 管截面面积。

通过文献 [60] 中的 9 个试件的轴压承载力，把相关数据代入上式可求得不同缠绕角下所对应的混凝土侧向压应力 σ_{R} 和 K 值，见表 5-1。

各试件所对应的侧向压应力值 σ_{R} 和 K 值　　　表 5-1

试 件 编 号	L/mm	D/mm	t/mm	θ/°	σ_{R}/MPa	K
GNC1-1	450	150	6	0	22.83	3.816
GNC1-2	450	150	6	0	22.83	3.874
GNC1-3	450	150	6	0	22.83	3.825
GNC2-1	450	150	6	30	13.59	3.321
GNC2-2	450	150	6	30	13.59	3.274
GNC2-3	450	150	6	30	13.59	3.314
GNC3-1	450	150	6	45	8.37	2.394
GNC3-2	450	150	6	45	8.37	2.485
GNC3-3	450	150	6	45	8.37	2.434

对表中 σ_R 和 K 值进行非线性拟合，如图 5-2 所示，可得两者关系：

$$K = -5.23 \times 0.85^{\sigma_R} + 4.057 \qquad (5-7)$$

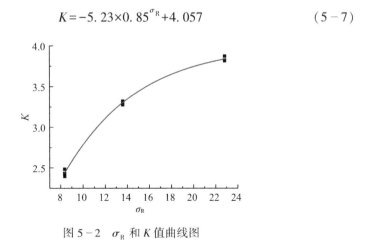

图 5-2　σ_R 和 K 值曲线图

5.4　GFRP 管混凝土柱受力分析

根据力学平衡条件对 GFRP 管混凝土柱轴压承载力计算公式进行了推导，构件竖向受力分析简化模型如图 5-3 所示。

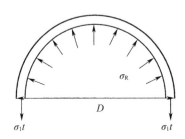

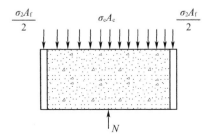

（a）GFRP管环向受力分析图　　　（b）GFRP管混凝土柱竖向受力分析图

图 5-3　GFRP 管混凝土柱轴压受力分析

对图 5-3 受力分析可得：

$$\sigma_1 = \frac{D\sigma_R}{2t} = \frac{2A_c\sigma_R}{A_f} \qquad (5-8)$$

$$N = A_c\sigma_c + A_f\sigma_2 \qquad (5-9)$$

式中：σ_1——GFRP 管环向拉应力；

σ_2——GFRP 管轴向压应力；

σ_R——混凝土侧向压应力；

σ_c——内部混凝土轴向压应力；

A_c——混凝土截面面积；

A_f——GFRP 管截面面积；

D——GFRP 管外径；

t——GFRP 管壁厚。

据复合材料应力转轴公式可得：

$$\sigma_{f\theta} = \sigma_1 \cos^2\theta + \sigma_2 \sin^2\theta \qquad (5-10)$$

$$\sigma_{fx} = \sigma_1 \sin^2\theta + \sigma_2 \cos^2\theta \qquad (5-11)$$

P，$\dfrac{1}{Y^2} = Q$，因此，可以将 $\left(\dfrac{\sigma_{f\theta}}{X}\right)^2 + \left(\dfrac{\sigma_{fx}}{Y}\right)^2 - \dfrac{\sigma_{f\theta}\sigma_{fx}}{X^2} = 1$ 简化为：

$$P\sigma_{f\theta}^2 + Q\sigma_{fx}^2 - P\sigma_{f\theta}\sigma_{fx} = 1 \qquad (5-12)$$

$(5-10) \sim$ 式 $(5-12)$ 可得：

$$a\sigma_1^2 + b\sigma_2^2 + c\sigma_1\sigma_2 = 1 \qquad (5-13)$$

$-8)$ 和式 $(5-13)$ 可得：

$$\sigma_2 = \frac{\sqrt{bA_f^2 + A_c^2\sigma_R^2(c^2-4ab)} + cA_c\sigma_R}{bA_f} \qquad (5-14)$$

$\cos^4\theta + Q\sin^4\theta - P\cos^2\theta\sin^2\theta$，$b = P\sin^4\theta + Q\cos^4\theta - P\cos^2\theta\sin^2\theta$，

$^2\theta - P(\cos^4\theta + \sin^4\theta)$，$\theta$ 为 GFRP 管纤维缠绕角。

、式 $(5-9)$ 和式 $(5-14)$ 可以得到 GFRP 管混凝土

式：

$$_c + K\sigma_R) + A_f \frac{\sqrt{bA_f^2 + A_c^2\sigma_R^2(c^2-4ab)} + cA_c\sigma_R}{bA_f} \qquad (5-15)$$

可以求出 GFRP 管混凝土柱轴压极限承载力 N_{max}：

$$^1 + \frac{KA_f\sqrt{b}\,|c-Kb|}{A_c f_c\sqrt{(c^2-4ab)\,[c^2-4ab-(c-Kb)^2]}}\Bigg)$$

$$+ \frac{\sqrt{\dfrac{bA_f^2(c-Kb)^2}{c^2-4ab-(c-Kb)^2} + bA_f^2} + \dfrac{cA_f\sqrt{b}\,|c-Kb|}{\sqrt{(c^2-4ab)\,[c^2-4ab-(c-Kb)^2]}}}{b} \qquad (5-16)$$

令 $H=c^2-4ab$，$I=c^2-4ab-(c-Kb)^2$，$M=c-Kb$，可得：

$$N_{max}=A_o f_c+\frac{A_f\sqrt{bI}\left(\sqrt{M^2+I}+c\sqrt{H}\,|M|+Kb\sqrt{H}\,|M|\right)}{bHI} \qquad (5-17)$$

由于再生混凝土与普通混凝土在力学性能和耐久性上存在一定的差异，本书参考相关文献试验结果进行分析，得到了折减系数 φ：

$$\varphi=1-0.467\rho-0.238\rho^2 \qquad (5-18)$$

式中：ρ——再生骨料取代率。

联立式（5-17）和式（5-18）可得 GFRP 管约束再生混凝土柱轴压极限承载力计算公式如下：

$$N_{max}=\varphi\left[A_o f_c+\frac{A_f\sqrt{bI}\left(\sqrt{M^2+I}+c\sqrt{H}\,|M|+Kb\sqrt{H}\,|M|\right)}{bHI}\right] \qquad (5-19)$$

根据上述公式，对各试件进行承载力计算分析，结果见表 5-2，N_s 为实测结果，N_t 为计算值。

各试件承载力计算值与实测结果对比   表 5-2

试件编号	N_s/kN	N_t/kN	N_t/N_s
GNC-60-100	2007.73	2137.07	1.06
GNC-60-110	2299.08	2296.82	0.99
GNC-60-120	2551.74	2558.09	1.00
GNC-60-130	3139.75	3014.16	0.96
GNC-60-140	3537.25	3102.85	0.88
GNC-60-150	4107.72	3386.35	0.83
GRC-40-100	1370.28	1509.75	1.10
GRC-40-110	1649.52	1694.25	1.02
GRC-40-120	1819.34	1884.75	1.03
GRC-40-130	2331.37	2079.75	0.89
GRC-40-140	2453.72	2280.00	0.93
GRC-40-150	2840.31	2485.50	0.88

由表 5-2 可知：

（1）随着 GFRP 管直径的增大，各试件轴压承载力逐步增加，试件 GNC-60-150 的极限荷载较试件 GNC-60-100 增加 1.05 倍，试件 GRC-40-150 的极限荷载较试件 GRC-40-100 增加了 1.07 倍；两种不同混凝土类型的试件随着 GFRP 管直径的增大，其轴压承载力增幅都很接近，说明 GFRP 管对两种不同混凝土的约束作用几乎相同。

（2）GFRP 管混凝土柱轴压承载力计算值与试验值的比值在 0.83~1.10 之间，平均值为 0.96，方差为 0.006，离散程度较小，试验值与计算值高度吻合，所推导出的 GFRP 管混凝土柱轴压承载力计算公式适用性较好。

（3）从公式推导过程中可以看出，该公式主要运用了套箍理论，考虑了 GFRP 管对核心混凝土的约束作用，使内部混凝土强度得到提高，而内部混凝土对其支撑作用延缓了 GFRP 管的局部失稳破坏，同时纤维缠绕角对其轴压承载力影响较大。从公式中可以得出，GFRP 管混凝土柱轴压承载力随着纤维缠绕角的增大而减小。

5.5　本章小结

本章对 GFRP 管约束不同类型混凝土柱的轴压承载力进行了计算分析。采用极限平衡理论的方法，根据力学平衡条件推导了构件的轴压承载力计算公式，并考虑了再生骨料取代率对其强度的影响，最终建立了基于两类不同混凝土类型构件的轴压承载力计算公式，且公式计算结果与试验结果较吻合。

GFRP管混凝土柱轴心受压性能有限元分析

第6章

本章借助 ABAQUS 对 GFRP 管混凝土柱的轴压性能进行了计算分析，通过设置相关参数，建立对应构件的数值模型。通过计算和试验结果的对比，一方面验证了 ABAQUS 用于分析 GFRP 管约束混凝土柱构件的准确性和适用性，再者就是对构件损伤破坏机理作进一步分析。

6.1 引言

ABAQUS 是一套功能强大的工程模拟的有限元软件，其解决问题的范围从相对简单的线性分析到许多复杂的非线性问题。ABAQUS 包括一个丰富的、可模拟任意几何形状的单元库。并拥有各种类型的材料模型库，可以模拟典型工程材料的性能，其中包括金属、橡胶、高分子材料、复合材料、钢筋混凝土、可压缩超弹性泡沫材料以及土壤和岩石等地质材料，作为通用的模拟工具，ABAQUS 除了能解决大量结构（应力／位移）问题，还可以模拟其他工程领域的许多问题，例如热传导、质量扩散、热电耦合分析、声学分析、岩土力学分析（流体渗透／应力耦合分析）及压电介质分析。

ABAQUS 有两个主求解器模块——ABAQUS/Standard 和 ABAQUS/Explicit。ABAQUS 还包含一个全面支持求解器的图形用户界面，即人机交互前后处理模块——ABAQUS/CAE。ABAQUS 对某些特殊问题还提供了专用模块来加以解决。ABAQUS/Standard 适合求解静态和低速动力学问题，这些问题通常都对应力精度有很高的要求。例如垫片密封问题，轮胎稳态滚动问题，或复合材料机翼裂纹扩展问题。对于单一问题的模拟，可能需要在时域和频域内进行分析。例如在发动机分析里，首先需要模拟包含复杂垫片力学行为的发动机缸盖安装模拟，接着才是进行包含预应力的模态分析，或是在频域内的包含预应力的声固耦合振动分析。ABAQUS/CAE 支持 ABAQUS/

Standard 求解器的所有常用的前后处理功能。ABAQUS/Standard 计算结果可以作为初始状态用于后续的 ABAQUS/Explicit 分析。同样地，ABAQUS/Explicit 计算结果也可以继续用于后续的 ABAQUS/Standard 分析。这种集成的灵活性可以将复杂的问题分解，将适合用隐式方法的分析过程用 ABAQUS/Standard 求解，例如静力学、低速动力学或稳态滚动分析；而将适合用显式方法的用 ABAQUS/Explicit 求解，例如高速、非线性、瞬态占主导的问题。

ABAQUS 被广泛地认为是功能最强的有限元软件，可以分析复杂的固体力学结构力学系统，特别是能够驾驭非常庞大复杂的问题和模拟高度非线性问题。ABAQUS 不但可以作单一零件的力学和多物理场的分析，同时还可以作系统级的分析和研究。ABAQUS 的系统级分析的特点相对于其他的分析软件来说是独一无二的。由于 ABAQUS 优秀的分析能力和模拟复杂系统的可靠性使得 ABAQUS 被各国的工业和研究广泛地采用。ABAQUS 产品在大量的高科技产品研究中都发挥着巨大的作用。

ABAQUS 软件致力于复杂、庞大的工程问题，有着强大的非线性分析功能，对复杂的非线性接触问题模拟吻合程度较高，一般分析流程见图 6-1。

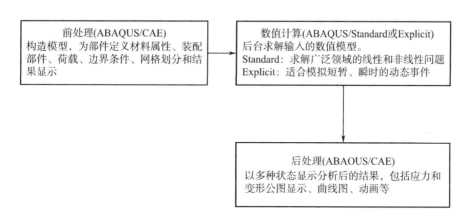

图 6-1 ABAQUS 分析流程

在单向重复荷载作用下，混凝土各项力学性能指标和变形性能与单调加载试验的结果非常接近，且混凝土应力-应变曲线外包络线与单调加载的全曲线十分接近，所以，可认为本书试验中各试件单向重复加载的骨架曲线与单调加载所得荷载-位移全过程曲线具有一致性，无明显差异。故本章对各试件在单调加载条件下的工作性能进行了 ABAQUS 有限元分析。

6.2　ABAQUS 非线性分析介绍

ABAQUS 在模拟非线性材料方面表现出色，特别是对于弹塑性材料、嵌段共聚物材料和组织材料等复杂材料的模拟。ABAQUS 允许用户定义材料的非线性本构模型，以精确模拟材料在特定条件下的行为，如金属的塑性变形、橡胶的超弹性、混凝土的非线性开裂和压碎等。这种能力使得 ABAQUS 在材料科学和工程领域具有广泛的应用前景。

当材料是线弹性体，结构受到外荷载作用时，其产生的位移和变形是微小的，其荷载-位移曲线呈线性关系，结构的刚度是恒定的，不随结构的变形而改变。结构非线性问题顾名思义是指结构受力时的荷载-位移曲线呈非线性变化，即结构的刚度是变化的，例如弹簧在线性和非线性响应下的刚度变化，见图 6-2。线性问题分析是一种方便的近似，它通常能满足一般需求，但是对于许多有限元模型以及加工过程的模拟，例如冲压和复杂接触性问题等，简单的线性分析是远远不够的。非线性问题用有限单元求解时不同于线性问题的是需要多次反复迭代。

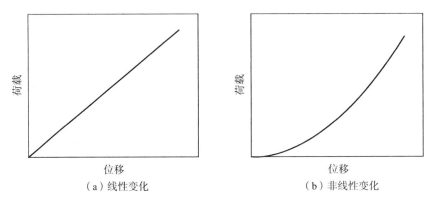

图 6-2　线性和非线性弹簧特性

结构的非线性主要有以下情况：

（1）材料非线性

不少金属类材料在应变值不高时，线性关系较为明显，但随着应变的增大，弹塑性材料屈服，卸载后变形不能完全恢复，此时材料的应力-应变关系是非线性的，见图 6-3。材料的非线性不受材料应变大小单一方面的影

响，还可能与外界环境有关。

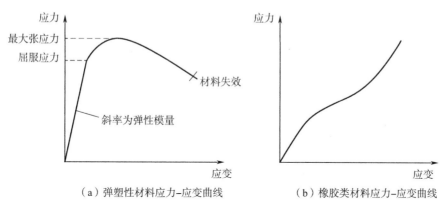

（a）弹塑性材料应力-应变曲线　　　　（b）橡胶类材料应力-应变曲线

图6-3　材料非线性关系

（2）边界非线性

边界非线性是由于边界条件的改变所引起的。如图6-4所示，当悬臂梁的右端还没有接触到障碍物时，在竖向挠度较小的情况下，荷载和挠度之间呈线性变化，当与障碍物接触的瞬间，障碍物阻碍了其进一步变形，梁端边界条件瞬间发生改变，导致挠度和荷载之间呈非线性变化。

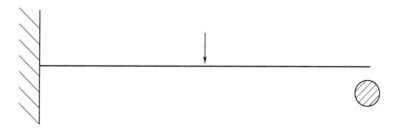

图6-4　悬臂梁边界条件变化示意图

（3）几何非线性

几何非线性是结构或部件在发生偏转时，由于几何形状变化而产生的非线性。如图6-5悬臂梁的右端挠度变化在很小范围内，荷载和挠度表现出明显线性关系。相反而言，结构的刚度随着端部变形增大而发生变化，且荷载对结构的作用会随着挠度的变化而发生改变。上述情况下就不能对结构进行简单的线性分析，需要考虑几何非线性的影响。

（4）接触非线性

在接触非线性分析方面，ABAQUS提供了强大的接触分析功能，能够模

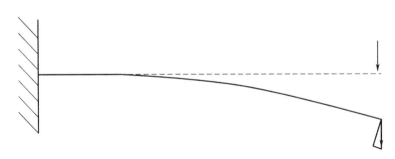

图 6-5 悬臂梁

拟各种接触行为，包括自接触、面面接触和点面接触等。ABAQUS 的接触算法能够准确处理接触面积和接触力随加载过程的变化，使得接触问题的模拟更加精确。此外，ABAQUS 还提供了"软"接触代替"硬"接触的功能，以解决模拟中的数值收敛性问题，这在处理复杂接触问题时尤为重要。当结构的不同部分在加载过程中可能接触或分离时，就涉及接触非线性。接触面积和接触力随加载过程而变化，这使得接触问题变得复杂。ABAQUS 提供了强大的接触分析功能，可以模拟各种接触行为，包括自接触、面面接触和点面接触等。

（5）状态非线性

某些材料的性质或结构的响应不仅取决于当前的应力状态，还取决于它们的历史状态或加载路径。例如，土体的固结过程、金属的蠕变和松弛等都属于状态非线性问题。ABAQUS 能够模拟这些具有历史依赖性的非线性行为。

（6）非线性动力学

在动态加载条件下，结构可能表现出非线性响应，如振动、冲击或爆炸等。ABAQUS 提供了隐式和显式两种非线性动力学求解器，以应对不同类型的非线性动力学问题。隐式求解器适用于静态和低频动态问题，而显式求解器则适用于高速冲击和高度非线性问题。

（7）组合非线性

在实际工程中，许多结构同时受到多种非线性因素的影响，如材料非线性、几何非线性和接触非线性等。ABAQUS 能够同时考虑这些非线性因素，进行组合非线性分析，以更准确地模拟结构的真实行为。

6.3　有限元模型建立

6.3.1　模型概况

　　本章通过 ABAQUS 有限元中 Standard 通用分析模块的非线性求解功能对 GFRP 管约束混凝土柱的轴向承载力进行了模拟分析。模拟构件数量与试验相对应，共模拟 12 个 GFRP 约束混凝土柱构件，分为两组：6 个 GFRP 管高强普通混凝土柱构件和 6 个 GFRP 管再生混凝土柱构件。GFRP 管壁厚均为 5mm，高度均为 500mm，外径为 100～150mm；核心混凝土强度分别为C60 普通混凝土和 C40 再生混凝土。在构件两端分别建立两个方形端板，厚度为 3mm，弹性模量设置较大，在模拟分析过程中视为刚性体，其目的是使构件表面平整，使压力在构件表面均匀分布，见图 6－6。

（a）模型R-T平面剖切视图　　　　　　　　（b）模型整体

图 6－6　模型概况

　　初始缺陷是与理想模型相比，在承受荷载作用之前已在实际构件中存在的各种缺陷，主要是受生产、运输、施工等人为因素影响较大。随着构件径厚比的增大，初始缺陷的影响越加明显，尤其对钢结构的影响作用较大，大多数采用屈曲模态法来引入钢管的初始缺陷。而玻璃纤维管是一种新型复合材料缠绕管且本书构件尺寸较小，无整体失稳或局部屈曲现象发生，所以本书所建模型为无缺陷模型。

6.3.2 材料本构模型

材料的本构关系是最基本的物理关系，同时也是最重要的关系，是进行有限元模拟分析必不可少的条件，本构方程选取的正确与否是模拟分析成败的关键。材料应力-应变关系通常是在试验室单轴受压或受拉情况下得出的，但由于外部管材的约束，混凝土处于三向受压状态，不能用简单的单轴受压本构关系来表示。由于约束混凝土受力的复杂性，使其非线性更加明显，使模拟计算难度进一步提高，所以，正确选用材料的本构关系是模拟计算成功的重要前提。

（1）混凝土本构关系

ABAQUS 中提供了 3 种混凝土本构模型：弥散裂缝模型（Dispersion fracture model）、脆性开裂模型（Brittle cracking model）和损伤塑性模型（Damage-plastic model）。弥散裂缝模型是将受力过程中产生的裂缝均匀化，一般是对材料裂缝发展情况的描述。脆性开裂模型一般用于 ABAQUS/Explicit 显示分析模块，多描述一些瞬态事件。损伤塑性模型对混凝土材料在受力下的本构关系模拟较好，并通过调节相关参数，能较好反映混凝土在受力下的刚度恢复等行为，也是本书分析所选用的模型。根据混凝土本构方程对其名义应力应变值进行计算，然后将名义值转换成真实应力和非弹性应变输入到 ABAQUS 中，并建立混凝土损伤数据子选项。

混凝土受压本构关系选用韩林海所提出的三向受压本构模型，该模型主要考虑了套箍系数对核心混凝土应力-应变关系的影响很大，即：

$$y = \begin{cases} 2 \cdot x - x^2 & (x \leqslant 1) \\ \dfrac{x}{\beta_0 \cdot (x-1)^\eta + x} & (x > 1) \end{cases} \qquad (6-1)$$

$$\eta = 2, x = \frac{\varepsilon}{\varepsilon_0}, y = \frac{\sigma}{\sigma_0}, \sigma_0 = f'_c, \varepsilon_0 = \varepsilon_c + 800 \cdot \xi^{0.2} \times 10^{-6},$$

$$\varepsilon_c = (1300 + 12.5 \cdot f'_c) \times 10^{-6}, \beta_0 = 0.5 \times (2.36 \times 10^{-5})^{[0.25+(\xi-0.5)^7]} \cdot (f'_c)^{0.5}$$

式中：ε_0——峰值应变；

$\quad\quad\sigma_0$——峰值应力；

$\quad\quad f_c'$——圆柱体抗压强度；

$\quad\quad\xi$——套箍系数，$\xi = A_s f_y / A_c f_c$。

由于约束作用对混凝土受拉本构关系的影响不大，故本书采用《混凝土结构设计规范》GB/T 50010—2010 中混凝土单轴受拉应力-应变模型：

$$\sigma = (1 - d_t) E_c \varepsilon \quad\quad\quad (6-2)$$

$$d_t = \begin{cases} 1 - \rho_t (1.2 - 0.2 x^5) & (x \leq 1) \\ 1 - \dfrac{\rho_t}{\alpha_t (x-1)^{1.7} + x} & (x > 1) \end{cases} \quad\quad (6-3)$$

$$x = \frac{\varepsilon}{\varepsilon_{t,r}}, \rho_t = \frac{f_{t,r}}{E_c \varepsilon_{t,r}}, E_c = 4700 \sqrt{f_c'}$$

式中：α_t——下降段参数值；

$\quad\quad f_{t,r}$——混凝土单轴抗拉强度代表值，其值可根据实际情况分别取 f_t、$f_{t,k}$ 或 $f_{t,m}$，按表 6-1 取用；

$\quad\quad \varepsilon_{t,r}$——峰值拉应变；

$\quad\quad d_t$——损伤演化参数。

上述混凝土抗拉峰值应变和下降段参数根据 $\varepsilon_{t,r} = f_{t,r}^{0.54} \times 65 \times 10^{-6}$，$\alpha_t = 0.312 f_{t,r}^2$ 计算得出。

混凝土轴心抗拉强度标准值　　　　　　　　　　　　表 6-1

强度	C15	C20	C25	C30	C35	C40	C45	C50	C55	C60
$f_{t,k}$	1.27	1.54	1.78	2.01	2.20	2.39	2.51	2.64	2.74	2.85

根据上方混凝土本构模型，代入相关参数，计算了 GFRP 管混凝土柱中高强普通混凝土和再生混凝土应力-应变曲线，见图 6-7。

在 ABAQUS 中，设置损伤因子能较好地模拟材料在受力作用下的失效特征，对损伤因子的计算常用的有图解法、能量法和规范法，本书选用模拟效果较好的图解法来计算，计算如下：

$$d = \frac{(1-\beta) \varepsilon E_0}{\sigma + (1-\beta) \varepsilon E_0} \quad\quad\quad (6-4)$$

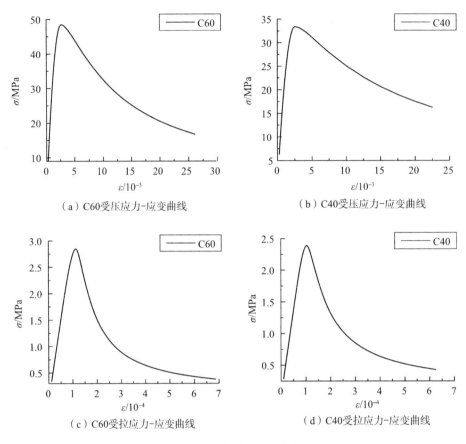

（a）C60受压应力-应变曲线　　　　　（b）C40受压应力-应变曲线

（c）C60受拉应力-应变曲线　　　　　（d）C40受拉应力-应变曲线

图 6-7　混凝土应力-应变曲线

式中：d——塑性损伤因子；

　　　σ——真实应力；

　　　ε——非弹性应变；

　　　β——受压和受拉时分别取 0.3 和 0.5；

　　　E_0——初始弹性模量，可取峰值应力处的割线模量。

（2）GFRP 管本构关系

本书研究的 GFRP 管是一种各向异性的复合材料，无明显屈服强度，是由多股连续纤维按一定角度缠绕而成，每层纤维可看作是单层板结构，GFRP 管由多层纤维叠合而成，故其按层合板结构分析。

GFRP 管通常以壳单元的形式建立，其厚度方向尺寸可忽略不计，所以，对其分析可按平面应力状态进行，即 $\sigma_3 = \tau_{23} = \tau_{31} = 0$，1、2、3 分别表示纤维方向、垂直于纤维方向和平面法线方向，1、2 方向为材料主方向，于是只考虑了材料在主方向的应力-应变关系，如下所示：

$$
\begin{bmatrix} \varepsilon_1 \\ \varepsilon_2 \\ \gamma_{12} \end{bmatrix} = \begin{bmatrix} \dfrac{1}{E_1} & \dfrac{-v_{21}}{E_2} & 0 \\ \dfrac{-v_{12}}{E_1} & \dfrac{1}{E_2} & 0 \\ 0 & 0 & \dfrac{1}{G_{12}} \end{bmatrix} \begin{bmatrix} \sigma_1 \\ \sigma_2 \\ \tau_{12} \end{bmatrix} \tag{6-5}
$$

在 ABAQUS 中，材料属性按单层板二维属性进行定义，需要输入 E_1，E_2，v_{12}，G_{12}，G_{13}，G_{23} 6 个弹性常数，其值根据细观力学预测公式计算得出：

（1）沿纤维方向的弹性模量 E_1 和主泊松比 v_{12}：

$$
E_1 = E_f V_f + E_m V_m \tag{6-6}
$$

$$
v_{12} = v_f V_f + v_m V_m \tag{6-7}
$$

（2）垂直纤维方向的弹性模量 E_2：

$$
\frac{1}{E_2} = \frac{V_f}{E_f} + \frac{V_m}{E_m}(1 - v_m^2) \tag{6-8}
$$

（3）剪切弹性模量 G_{12}：

$$
\frac{1}{G_{12}} = \frac{V_f}{G_f} + \frac{V_m}{G_m} \tag{6-9}
$$

式中：E_f、E_m——纤维和树脂的弹性模量；

　　　V_f、V_m——纤维和树脂的体积含量；

　　　G_f、G_m——纤维和树脂的剪切模量；

　　　v_f、v_m——纤维和树脂的泊松比。

本书所研究的 GFRP 管每层铺层较厚，故 $G_{12} = G_{13}$，G_{23} 取值可略小于 G_{13}。

因为 GFRP 管在不同方向有不同的强度特征，需要在软件中定义 5 个不同方向的强度指标，分别为 X_t、X_c、Y_t、Y_c 和 S，可由下面预测公式计算得出：

$$
X_t = V_f \sigma_{ftu} \tag{6-10}
$$

$$
X_c = V_f \sigma_{fcu} \tag{6-11}
$$

$$Y_t = \sigma_{mtu} \left[1 - \left(\sqrt{V_f} - V_f \right) \left(1 - \frac{E_m}{E_f} \right) \right] \qquad (6-12)$$

$$Y_c = \sigma_{mcu} \left[1 - \left(\sqrt{V_f} - V_f \right) \left(1 - \frac{E_m}{E_f} \right) \right] \qquad (6-13)$$

$$S = \tau_m \left[1 - \left(\sqrt{V_f} - V_f \right) \left(1 - \frac{G_m}{G_f} \right) \right] \qquad (6-14)$$

式中：σ_{ftu}、σ_{fcu}——纤维拉伸和压缩极限强度；

σ_{mtu}、σ_{mcu}——基体拉伸和压缩极限强度；

τ_m——基体剪切强度。

对 GFRP 管的失效判断是通过定义 Hashin 损伤准则来实现的，Hashin 准则是对复合材料的损伤模拟，以纤维拉断、压缩鼓曲、基体拉断或压溃为主要破坏模式。

6.3.3 单元选取

混凝土和端板均采用 C3D8R 六面体线性减缩积分实体单元，该单元计算应力时虽没有 C3D20R 求解精确，但该单元计算位移时较为精确，尤其受网格扭曲变形的影响较小，自由度的相对减少也给分析节省了较多时间，更加适用于复杂接触非线性分析。

GFRP 管采用常规壳单元中 4 节点四边形线性减缩积分单元 S4R，该单元在薄壳建模中应用较多，计算精度较高且更容易收敛，每层纤维厚度方向设置 3 个 Simpson 积分点。在 ABAQUS 属性模块，用快捷创建复合层的方式对 GFRP 管进行铺层，按照 $[45°/-45°]_s$ 对称铺设，共铺设 10 层，详见图 6-8。

6.3.4 网格划分

网格划分在模拟中起着关键的作用，计算结果的好坏与网格尺寸和类型的选取有着直接的联系，网格尺寸越小，计算精度就会越高，但计算时长也随之增加，应根据自己模型情况，合理地划分网格，提高计算效率。本书对 GFRP 管、核心混凝土和端板进行了网格划分，GFRP 管网格采用四边形为主的自由划分技术。在进行混凝土网格划分时，先对其进行几何切分，将模

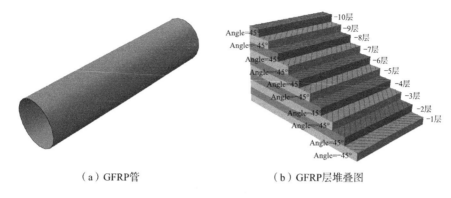

（a）GFRP管　　　　　　（b）GFRP层堆叠图

图6-8　GFRP管铺层图

型切分为四分之一圆柱体，然后合理边界布种，采用六面体为主的结构划分技术对其进行网格划分。端板对分析结果影响不大，对其网格划分可以比其他部件尺寸略大，以提高计算速度。最后通过不断的分析验算，进一步对网格进行调整，现以试件GRC-40-130为例，见图6-9。

6.3.5　边界条件设置

GFRP管和内部混凝土相互独立，以混凝土表面为主表面，GFRP管内表面为从表面，对两者建立了Standard通用接触。对两者接触面的界面模拟包括法向行为和切向行为，法线方向采用"硬"接触形式，即力与接触面相互垂直，如果在计算过程中接触面由于变形较大发生脱离，则力随即消失。通过引入罚函数列式来模拟界面的切向行为，即切线方向是通过摩擦力的传递进行模拟。

模型中共定义了3种约束，即端板与混凝土的绑定（Tip）约束、端板与GFRP管的耦合（Shell-to-Solid-Coupling）约束和参考点与端板表面的耦合（Coupling）约束。该模型建立下端固定，限制了6个方向的自由度，上端在U3方向施加位移荷载的边界条件，在上、下端板中心上方5mm处各建立一个参考点，相关约束、荷载和边界条件全部建立在参考点上，以试件GRC-40-130为例，见图6-10。

6.3.6　加载步骤

本书采用较易收敛的位移荷载加载，在荷载模块边界条件内创建竖向位

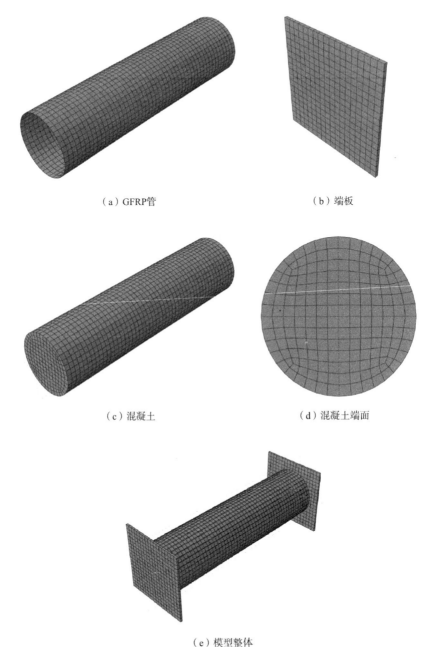

（a）GFRP管　　　　　　　　　　　（b）端板

（c）混凝土　　　　　　　　　　　（d）混凝土端面

（e）模型整体

图 6-9　试件 GRC-40-130 有限元模型

移荷载直至试件破坏。第一步先创建一个初始分析步，在该分析步内创建一
个较小的竖向荷载，目的为了使模型各部件平稳接触；第二步开始施加真实
位移荷载，直至模型破坏；第三步就是后处理模块，对计算结果进行云图提
取和绘制曲线等。分析步各个参数的设置也是影响计算收敛与否的因素，尤

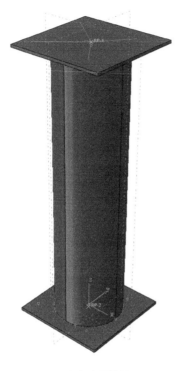
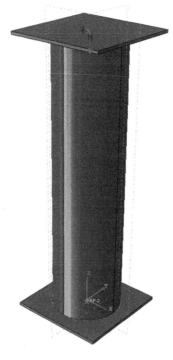

（a）边界设置　　　　　　　　　　　　（b）加载

图 6-10　试件 GRC-40-130 模型边界设置和加载示意图

其是对初始增量步和最小增量步的合理设置尤为重要。初始增量步设置过大，计算时会一次性加载较大，容易出现不收敛情况，设置过小会大大增加计算时长。最小增量步一般默认为 $1×10^{-5}$，对于较复杂非线性问题，可以适当减小。本书经过反复验算调整，最后设置了对该模型较为合理的参数，即初始增量步大小为 0.001，最小增量步大小为 $1×10^{-5}$。

6.4　结果分析

利用 ABAQUS 6.14 版本完成了 GFRP 管高强普通混凝土柱和 GFRP 管再生混凝土柱的建模和计算，主要将其破坏形态、承载力和荷载-位移曲线与试验所得结果进行了对比分析。

6.4.1　破坏形态

GFRP 管约束混凝土柱各部件破坏时的应力云图见图 6-11~图 6-22。

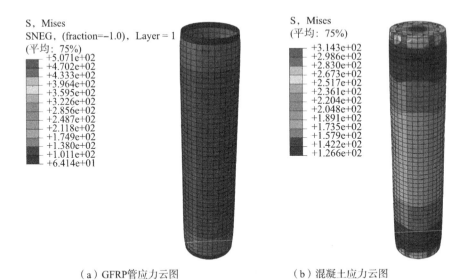

（a）GFRP管应力云图　　　　　　　（b）混凝土应力云图

图 6 - 11　试件 GNC - 60 - 100 应力云图

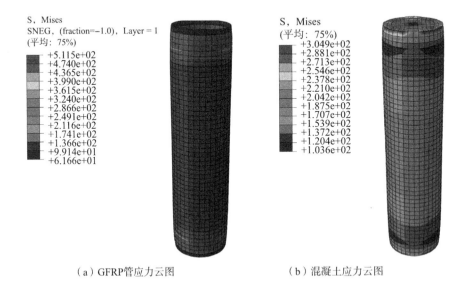

（a）GFRP管应力云图　　　　　　　（b）混凝土应力云图

图 6 - 12　试件 GNC - 60 - 110 应力云图

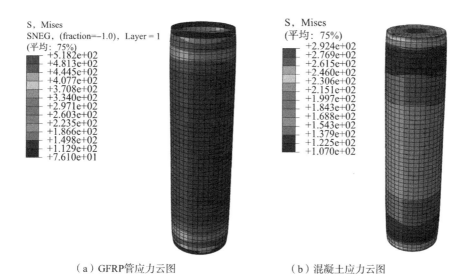

（a）GFRP管应力云图　　　　　　　（b）混凝土应力云图

图 6-13　试件 GNC-60-120 应力云图

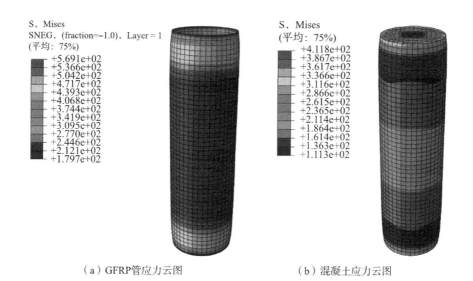

（a）GFRP管应力云图　　　　　　　（b）混凝土应力云图

图 6-14　试件 GNC-60-130 应力云图

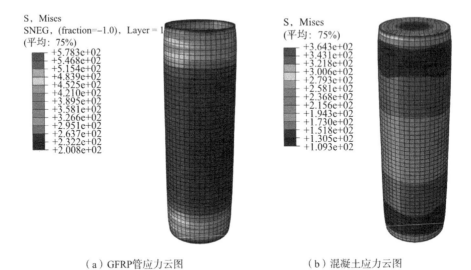

（a）GFRP管应力云图 　　　　　　（b）混凝土应力云图

图 6 – 15　试件 GNC – 60 – 140 应力云图

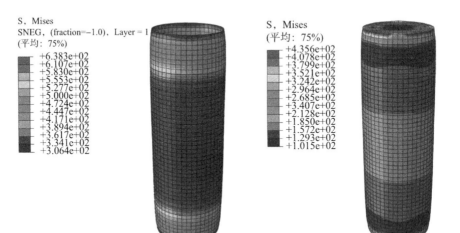

（a）GFRP管应力云图 　　　　　　（b）混凝土应力云图

图 6 – 16　试件 GNC – 60 – 150 应力云图

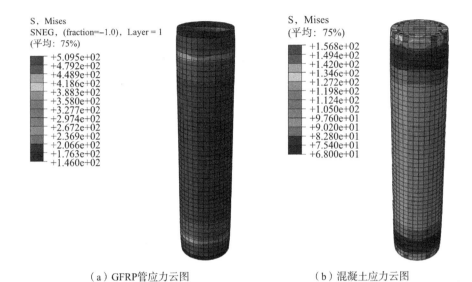

（a）GFRP管应力云图　　　　　　　　（b）混凝土应力云图

图 6 - 17　试件 GRC - 40 - 100 应力云图

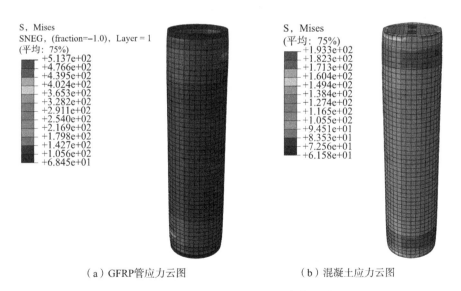

（a）GFRP管应力云图　　　　　　　　（b）混凝土应力云图

图 6 - 18　试件 GRC - 40 - 110 应力云图

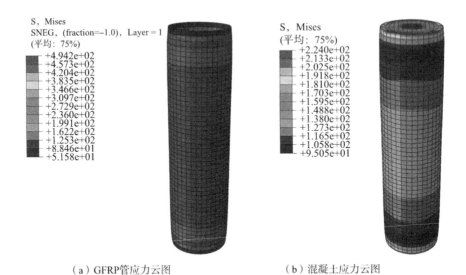

（a）GFRP管应力云图　　　　　　　（b）混凝土应力云图

图 6-19　试件 GRC-40-120 应力云图

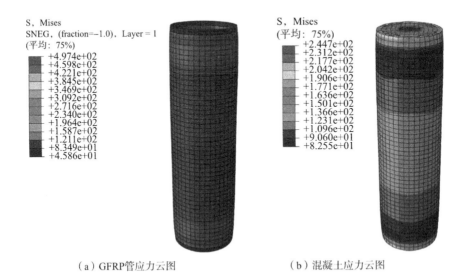

（a）GFRP管应力云图　　　　　　　（b）混凝土应力云图

图 6-20　试件 GRC-40-130 应力云图

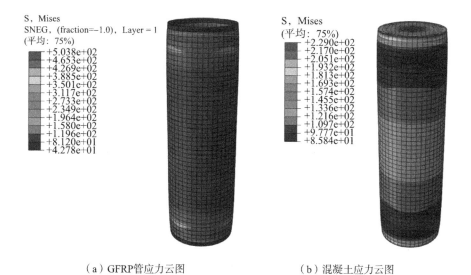

（a）GFRP管应力云图   （b）混凝土应力云图

图 6-21　试件 GRC-40-140 应力云图

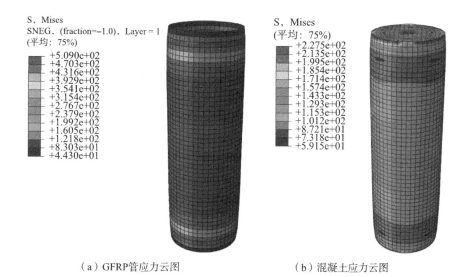

（a）GFRP管应力云图   （b）混凝土应力云图

图 6-22　试件 GRC-40-150 应力云图

由图 6-11~图 6-22 可知：

（1）各 GFRP 管约束混凝土柱破坏时的应力云图与试验破坏结果吻合较好且破坏规律相近。各 GFRP 管中部应力分布较均匀且应力值相对较大，应力值从中部向两端发展呈略微下降，但总体应力分布较为均匀且变化不大，所以试件有可能在应力较大区域任一位置破坏。

（2）试件 GNC-60-100、GNC-60-110、GNC-60-120、GNC-60-130、GNC-60-140、GNC-60-150 和试件 GRC-40-100、GRC-40-110、GRC-40-120、GRC-40-130、GRC-40-140、GRC-40-150 的 GFRP 管最大应力分别为 507.1MPa、511.5MPa、518.2MPa、569.1MPa、578.3MPa、638.3MPa 和 509.5MPa、513.7MPa、494.2MPa、497.4MPa、503.8MPa、509.0MPa，试件 GNC-60-150 的极限应力已超过 GFRP 管环向抗拉强度，其余试件极限应力均已超过 GFRP 管轴向抗压强度，甚至接近环向抗拉强度，使得 GFRP 管的材料性能得到了充分利用。

（3）各试件内部混凝土沿圆周方向应力均匀分布，总体呈现出端部应力最大，这可能与理想约束边界条件有关。按上述试件名称排序，混凝土中部应力分别为 173.5MPa、187.5MPa、168.8MPa、211.4MPa、194.3MPa、212.8 MPa 和 97.6MPa、127.4MPa、138.0MPa、136.6MPa、133.6MPa、143.3MPa，相比未约束混凝土，强度得到了大幅度提高，说明了内部混凝土受 GFRP 管的约束作用很强，混凝土的抗压强度得到了很大幅度的提高。

各试件 GFRP 管在 U1 方向的横向位移见图 6-23。

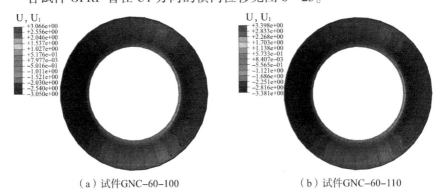

（a）试件GNC-60-100　　　　　　（b）试件GNC-60-110

图 6-23　各试件横向位移

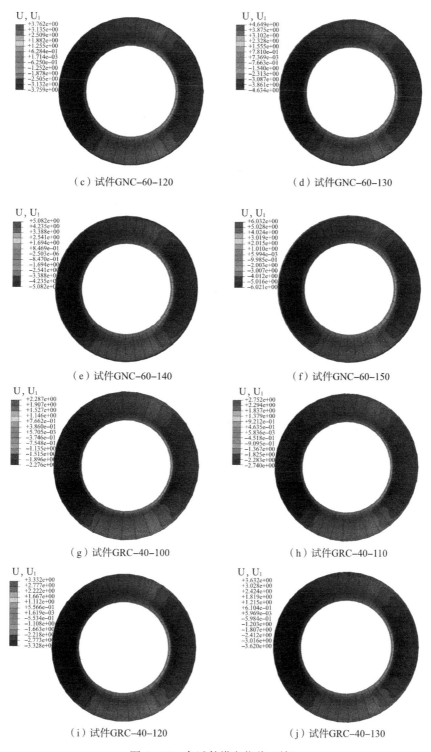

图6-23 各试件横向位移（续）

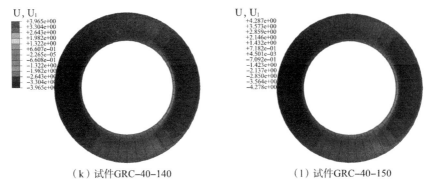

（k）试件GRC-40-140　　　　　　（l）试件GRC-40-150

图 6-23　各试件横向位移（续）

由图 6-23 可知：

（1）各 GFRP 管在 U1 方向左侧和右侧的横向位移基本相同，最大变形均发生在中部截面。

（2）试件 GNC-60-100、GNC-60-110、GNC-60-120、GNC-60-130、GNC-60-140、GNC-60-150 和试件 GRC-40-100、GRC-40-110、GRC-40-120、GRC-40-130、GRC-40-140、GRC-40-150 在 U1 方向的峰值位移分别为 3.06mm、3.40mm、3.76mm、4.65mm、5.08mm、6.03mm 和 2.29mm、2.75mm、3.33mm、3.63mm、3.97mm、4.29mm，两类不同的构件随着 GFRP 管直径的增大，横向位移均逐渐增加，但增幅较小，说明 GFRP 管对内部混凝土约束能力较强且有一定的横向变形能力。

6.4.2　承载力

各试件峰值荷载计算值（N_t）与实测值（N_s）见表 6-2。

计算值与实测值对比　　　　　　　表 6-2

试 件 编 号	N_t/kN	N_s/kN	N_s/N_t	误差/%
GNC-60-100	2150.53	2007.73	0.93	6.64
GNC-60-110	2318.33	2299.08	0.99	0.83
GNC-60-120	2596.77	2551.74	0.98	1.73
GNC-60-130	3232.59	3139.75	0.97	2.87
GNC-60-140	3635.54	3537.25	0.97	2.70
GNC-60-150	4455.29	4107.72	0.92	7.80

续表

试 件 编 号	N_t/kN	N_s/kN	N_s/N_t	误差/%
GRC－40－100	1490.66	1370.82	0.91	8.04
GRC－40－110	1687.81	1649.49	0.97	2.27
GRC－40－120	1948.21	1819.81	0.93	6.59
GRC－40－130	2345.07	2331.76	0.99	0.57
GRC－40－140	2677.55	2453.28	0.91	8.37
GRC－40－150	3010.75	2840.64	0.94	5.65

由表6－2可知：各试件峰值荷载实测值与计算值的比值在0.91~0.99之间，平均值为0.95，且两者相对误差在0.83%~8.37%之间，均在10%以内，说明了 GFRP 管混凝土柱数值模型较为准确，试验结果与计算结果吻合较好。

6.4.3 荷载-位移曲线

各试件计算荷载-位移曲线与实测骨架曲线对比如图6－24所示。

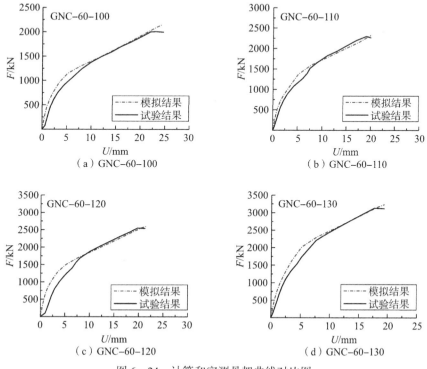

图6－24　计算和实测骨架曲线对比图

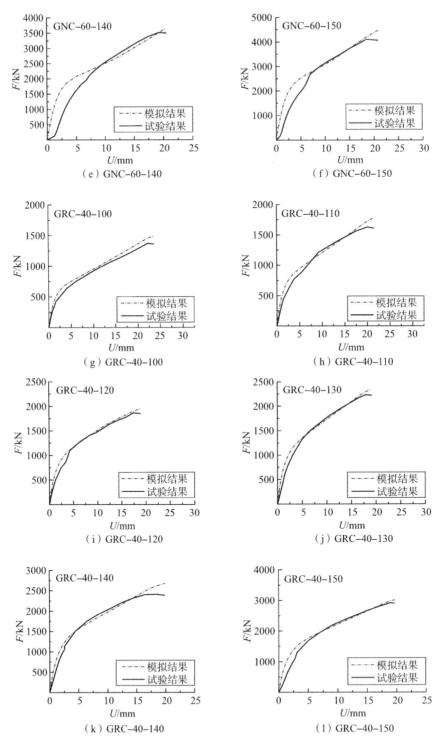

图 6 - 24　计算和实测骨架曲线对比图（续）

由图 6-24 可知：各试件模拟曲线与试验所得骨架曲线走势大致相同，吻合较好。计算曲线的初始刚度比试验骨架曲线大，这是由于在数值建模时，各试件模型边界条件均为完全固定约束，较为理想化，约束作用相对较强，导致初始刚度较大。各试件试验曲线下降趋势较不明显，这与混凝土所受被动约束作用的强弱有关，混凝土所受被动约束越强，则试件荷载-位移曲线下降段就越平缓，甚至会出现一直上升直至破坏的情况。随着荷载的增大，GFRP 管对内部混凝土的约束作用越来越强，导致其荷载-位移曲线无明显下降趋势。

6.5　本章小结

本章借助 ABAQUS 软件模拟分析了 GFRP 管混凝土柱的轴压性能，并结合试验结果做了分析。主要介绍了 GFRP 管混凝土柱试件的模型整体概况、GFRP 管和混凝土本构关系的选取、网格划分以及边界条件设置等建模过程。最后将计算承载力、荷载-位移曲线和破坏形态与试验结果进行了对比分析，得出计算应力云图和荷载-位移曲线与试验结果较吻合；计算峰值承载力与实测值误差均未超过 10%，在允许范围内，两者吻合较好，同时验证了 GFRP 管混凝土柱计算模型较准确。

第7章

结论与展望

7.1 结论

本书对 6 个不同直径 GFRP 管高强普通混凝土柱、6 个不同直径 GFRP 管再生混凝土柱和 1 个 GFRP 空管进行了试验研究和有限元模拟，分析了各试件在轴心重复受压下的破坏模式和破坏机理，主要得出了以下结论：

（1）在轴压荷载下，试件 G-100 破坏时峰值荷载较小，承载力较低，破坏时主要表现出纤维被压溃堆积在一块；两种不同类型构件的破坏形态相似，即 GFRP 管发生环向破坏，内部混凝土被压溃。

（2）各试件骨架曲线走势大致相同，与试件 G-100 相较，试件 GRC-40-100 和 GNC-60-100 轴向承载力分别增加了 7.39 倍和 11.29 倍；随着试件长细比的减小，各试件轴向承载力和刚度逐渐增加，试件 GRC-40-150 的峰值荷载较试件 GRC-40-100 增加了 1.07 倍，试件 GNC-60-150 的峰值荷载较试件 GNC-60-100 增加 1.05 倍，增长幅度基本相同，GFRP 管对两种不同类型混凝土的约束效应基本一致。

（3）荷载-轴向（环向）应变与荷载-位移发展规律相近；纵向应变在加载初期发展比环向应变快，此时 GFRP 管的约束力较弱，当荷载加至峰值荷载的 40% 时，应变发展速度截然相反，内部混凝土向外膨胀，GFRP 管对其约束力增大。

（4）在加载初期，各试件残余变形小，试件处于弹性阶段，随着荷载的加大，塑性变形逐渐增加，试件进入弹塑性阶段；GFRP 管混凝土柱具有良好的弹塑性变形能力，更加安全可靠。

（5）根据力学平衡条件对 GFRP 管混凝土柱轴压承载力进行了推导，并考虑了再生骨料取代率的影响，建立了其轴压承载力计算公式，最后所得计算结果和试验结果比值均接近 1，吻合性较好。

（6）各 GFRP 管混凝土柱试件 ABAQUS 有限元计算结果与试验结果误差较小，吻合度较高。

7.2　展望

GFRP 管约束混凝土柱作为一种新型约束混凝土构件，对其理论研究还处于初步阶段，没有统一的理论支撑和相关规范的约定，从理论研究到工程应用的路程还有很远。虽然本书研究了不同直径 GFRP 管高强普通混凝土柱和再生混凝土柱的轴压性能，但仍然存在一些不足，以下几点还需进一步完善：

（1）本书研究的试件尺寸相对较小且全为轴心受压试件，有待于对更大尺寸范围内的 GFRP 管混凝土柱偏压性能和抗震性能的研究。

（2）在现有 GFRP 管约束混凝土柱构件研究中，构件多为圆形截面，应改变 GFRP 管成型方式，增加变截面构件受力性能的研究。

（3）现有研究多集中在柱构件，对 GFRP 管约束混凝土梁构件的研究开拓也具有一定的应用价值。

参 考 文 献

［1］ 齐宏拓. 钢管约束混凝土轴压和偏压构件静力性能研究［D］. 哈尔滨：哈尔滨工业学，2014.

［2］ 杨城. GFRP 管实心混凝土长柱力学性能研究［D］. 杭州：浙江工业大学，2016.

［3］ 牛海成. 钢管高强再生混凝土柱压弯性能试验与理论研究［D］. 北京：北京工业学，2015.

［4］ Mohammed Abed, Rita Nemes, Bassam A. Tayeh. Properties of self-compacting high-strength concrete containing multiple use of recycled aggregate［J］. Journal of King Saud University-Engineering Sciences, 2020, 32：108－114.

［5］ 赵虎强. 钢管自密实再生混凝土短柱力学性能试验研究［D］. 保定：河北农业大学，2019.

［6］ 王丽红, 魏红. 地震灾后建筑垃圾资源化利用的探讨［J］. 华北科技学院学报，2010, 7（3）：30－32.

［7］ 石发恩, 朱萌萌, 柯瑞华, 等. 废弃混凝土资源化研究进展［J］. 有色金属科学与工程，2014, 5（6）：120－124.

［8］ 曹万林, 赵羽习, 叶涛萍. 再生混凝土结构长期工作性能研究进展［J］. 哈尔滨工业大学学报，2019, 51（6）：1－17.

［9］ 杨木旺. 钢管混凝土结构及其技术缺陷分析［D］. 合肥：合肥工业大学，2004.

［10］ 陈世鸣. 钢-混凝土组合结构［M］. 北京：中国建筑工业出版社，2012.

［11］ 高娜. 纤维增强复合材料在土木工程中的应用［D］. 西安：西安工业大学，2012.

［12］ Mirmiran. Amir. A new concrete-filled hollow FRP composite column［J］. Composites, 1996, 27（8）：263－268.

［13］ 周新雨. GFRP 管-型钢-混凝土组合短柱性能研究［D］. 大庆：东北石油大学，2014.

［14］ 郭佳. 钢管再生混凝土柱承压性能研究［D］. 南宁：广西大学，2018.

［15］ 王志滨, 陈靖, 谢恩普, 等. 圆端形钢管混凝土柱轴压性能研究［J］. 建筑结构学报，2014, 35（7）：123－130.

［16］ Junchang Ci, Hong Jia, Shicai Chen, et al. Performance analysis and bearing capacity calculation on circular concrete-filled double steel tubular stub columns under axial compression［J］. Structures, 2020, 25：554－565.

［17］ 陈宗平, 张士前, 王妮, 等. 钢管再生混凝土轴压短柱受力性能的试验与理论分析［J］. 工程力学，2013, 30（4）：107－117.

［18］ 胡红松, 林康, 刘阳, 等. 方钢管混凝土中钢管和混凝土抗压强度研究［J］. 建筑结构学报，2019, 40（2）：161－168.

［19］ Wang Zhang, ZhiHua Chen, Qingqing Xiong. Performance of L-shaped columns comprising concrete-filled steel tubesunder axial compression ［J］. Journal of Constructional Steel Research, 2018, 145: 573－590.

［20］ JunChang Ci, Shicai Chen, Hong Jia, et al. Axial compression performance analysis and bearing capacity calculation on square concrete-filled double-tube short columns ［J］. Marine Structures, 2020, 72: 1－26.

［21］ Ihsan Taha Kadhim, Esra Mete Güneyisi. Code based assessment of load capacity of steel tubular columns infilled with recycled aggregate concrete under compression ［J］. Construction and Building Materials, 2018, 168: 715－731.

［22］ Feng Yu, Long Chen, Shuangshuang Bu, etc. Experimental and theoretical investigations of recycled self-compacting concrete filled steel tubular columns subjected to axial compression ［J］. Construction and Building Materials, 2020, 248: 1－17.

［23］ 应荣平. 钢管自密实再生混凝土短柱轴压承载力的研究 ［D］. 延吉: 延边大学, 2017.

［24］ 时军. 钢管混凝土柱轴压承载力计算方法分析 ［D］. 大连: 大连理工大学, 2012.

［25］ 徐礼华, 吴敏, 周鹏华, 等. 钢管自应力自密实高强混凝土短柱轴心受压承载力试验研究 ［J］. 工程力学, 2017, 34 （3）: 93－100.

［26］ 王凤芹, 王静峰, 沈奇罕. 椭圆钢管混凝土中、长柱轴压性能研究 ［J］. 合肥工业大学学报 （自然科学版）, 2019, 42 （7）: 952－958.

［27］ 柯晓军, 苏益声, 商效瑀, 等. 钢管混凝土组合柱压弯性能试验及承载力计算 ［J］. 工程力学, 2018, 35 （12）: 134－142.

［28］ Fang Yuan, Hong Huang, Mengcheng Chen. Effffect of stiffffeners on the eccentric compression behaviour of square concrete-fifilled steel tubular columns ［J］. Thin-Walled Structures, 2019, 135: 196－209.

［29］ Qihan Shen, Jingfeng Wang a, Wanqian Wang, et al. Performance and design of eccentrically-loaded concrete-filled round-endedelliptical hollow section stub columns ［J］. Journal of Constructional Steel Research, 2018, 150: 99－114.

［30］ 曹万林, 王如伟, 殷飞, 等. 异形截面多腔钢管混凝土巨型柱偏压性能 ［J］. 哈尔滨工业大学学报, 2020, 52 （6）: 149－159.

［31］ 徐礼华, 宋杨, 刘素梅, 等. 多腔式多边形钢管混凝土柱偏心受压承载力研究 ［J］. 工程力学, 2019, 36 （4）: 135－146.

［32］ 李泉, 周学军, 李国强, 等. T形方钢管混凝土组合异形柱偏压性能试验研究 ［J］. 土木与环境工程学报 （中英文）, 2021, 43 （2）: 102－111.

［33］ Yi Sui, Yongqing Tu, Quanquan Guo, et al. Study on the behavior of multi-cell composite T-shaped concrete-fifilled steel tubular columns subjected to compression under biaxial eccentricity ［J］. Journal of Constructional Steel Research, 2019, 159: 215－230.

［34］ 曲秀姝, 刘琦, 廖维张. 矩形钢管混凝土柱压弯力学性能分析 ［J］. 广西大学学报 （自然科学版）, 2018, 43 （3）: 1149－1160.

［35］ Noureddine Ferhoune. Experimental behaviour of cold-formed steel welded tube filled with concrete made of crushed crystallized slag subjected to eccentric load ［J］. Thin-Walled Structures, 2014, 80: 159－166.

[36] 郭兴. 往复剪切荷载作用下钢管混凝土构件的力学性能研究 [D]. 福州：福州大学，2010.

[37] 王静峰，盛鸣宇，沈奇罕，等. 圆端形椭圆钢管混凝土构件受剪性能分析 [J]. 合肥工业大学学报（自然科学版），2020，43（1）：81-87.

[38] Ye Y, Han L H, Tao Z, et al. Experimental behavior of concrete-filled steel tubular members under lateral shear loads [J]. Journal of Constructional Steel Research, 2016, 122: 226-237.

[39] 张伟杰，廖飞宇，王静峰，等. 压弯剪复合受力作用下带环向脱空缺陷的钢管混凝土构件力学性能研究 [J]. 工业建筑，2019，49（10）：25-31.

[40] 张纪刚，刘菲菲，赵铁军. 不锈钢管中管钢管混凝土抗剪性能试验研究 [J]. 哈尔滨工程大学学报，2019，40（7）：1311-1318.

[41] 张超瑞. 钢管高强混凝土叠合柱受剪性能试验研究 [D]. 西安：西安建筑科技大学，2017.

[42] 罗源，卢亦焱，梁鸿骏，等. 钢管自应力混凝土柱抗剪性能有限元分析 [J]. 武汉大学学报（工学版），2015，48（2）：191-194+201.

[43] 康利平，吕西林. 足尺钢管混凝土柱梁节点抗剪性能试验 [J]. 同济大学学报（自然科学版），2014，42（8）：1153-1160.

[44] 薛守凯. 哑铃形钢管混凝土压扭力学性能研究 [D]. 福州：福建农林大学，2019.

[45] Nie Jian-guo, Wang Yu-hang, Fan Jian-sheng. Experimental study on seismic behavior of concrete filled steel tube columns under pure torsion and compression－torsion cyclic load [J]. Journal of Constructional Steel Research, 2012, 79: 115-126.

[46] Xu Y Y, Qiu Z H, Ye He. Torsion behavior of reinforced concrete special-shaped columns under pressure and torque [J]. Journal of Central South University (Science and Technology), 2012, 43 (10): 4029-4037.

[47] 聂建国，王宇航，樊健生. 钢管混凝土柱在纯扭和压扭荷载下的抗震性能研究 [J]. 土木工程学报，2014，47（1）：47-58.

[48] Jian-guo Nie, Yu-hang Wangn, Jian-sheng Fan. Experimental research on concrete filled steel tube columns under combined compression-bending-torsion cyclic load [J]. Thin-Walled Structures, 2013, 67: 1-14.

[49] 王宇航，郭一帆，刘界鹏，等. 偏压荷载下钢管混凝土柱的抗扭性能试验研究 [J]. 土木工程学报，2017，50（7）：50-61.

[50] 宋顺龙，王静峰，江汉，等. 椭圆钢管混凝土受扭性能及抗扭承载力计算 [J]. 合肥工业大学学报（自然科学版），2017，40（7）：952-959.

[51] 王静峰，於忠华，沈奇罕，等. 圆端形椭圆钢管混凝土受扭性能数值分析及抗扭承载力计算 [J]. 建筑科学与工程学报，2018，35（3）：7-15.

[52] 黄宏，朱琪，陈梦成，等. 方中空夹层钢管混凝土压弯扭构件试验研究 [J]. 土木工程学报，2016，49（3）：91-97.

[53] 王铁成，张磊，赵海龙，等. 钢管混凝土柱抗震性能参数影响分析 [J]. 建筑结构学报，2013，34（S1）：339-344.

[54] 焦圣伦，郭荡，李兴. 新型L形钢管混凝土柱-钢梁节点抗震性能研究 [J]. 低温

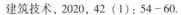
建筑技术，2020，42（1）：54−60.

[55] 戎贤，胡珊珊，张健新，等. 带外肋环板钢管混凝土梁柱节点抗震性能研究［J］. 建筑科学，2020，36（3）：73−80.

[56] 张向冈. 钢管再生混凝土构件及其框架的抗震性能研究［D］. 南宁：广西大学，2014.

[57] 雷颖. 钢管再生混凝土柱抗震试验与仿真分析［D］. 广州：广东工业大学，2018.

[58] Amir Mirmiran, Mohsen Shahawy. Behavior of Concrete Columns Confined by Fiber Composites［J］. Journal of Structural Engineering, 1997, 123（5）：583−590.

[59] 周乐，王连广. FRP管高强混凝土轴压力学性能研究［J］. 沈阳建筑大学学报，2009，25（1）：122−124.

[60] 杨俊杰，周涛，章雪峰. FRP管实心混凝土柱承载力的轴压试验研究［J］. 建筑结构，2014，44（22）：73−75.

[61] 马辉，崔航，李哲，等. 玻璃纤维管约束再生混凝土柱轴压性能研究［J］. 应用力学学报，2019，36（1）：209−218+264.

[62] 宋志刚，樊成，宋力. GFRP管混凝土轴压短柱承载力研究［J］. 水利与建筑工程学报，2017，15（2）：71−75.

[63] Kwang-Soo Youm, Jae-young Cho, Young-Ho Lee, et al. Seismic performance of modular columns made of concrete filled FRP tubes［J］. Engineering Structures, 2013, 57：37−50.

[64] 贺正伟，陈昱翰，古金本，等. 玻璃纤维增强复合材料管约束生物炭混凝土柱轴压性能研究［J］. 工业建筑，2024，54（6）：149−159.

[65] 岳香华，龙跃凌，江宇杰，等. 钢管-纤维增强复合材料管-混凝土组合柱的轴压性能和本构关系模型［J］. 工业建筑，2024，54（6）：177−189.

[66] 刘春阳，闫凯，李秀领，等. FRP约束再生混凝土构件研究进展［J］. 复合材料学报，2024，41（7）：3490−3502.

[67] 代鹏，杨璐，卫璇，等. 不锈钢管混凝土短柱轴压承载力试验研究［J］. 工程力学，2019，36（S1）：298−305.

[68] 唐红元，范璐瑶，赵鑫，等. 圆不锈钢管混凝土短柱轴压承载力模型研究［J］. 工程科学与技术，2020，52（3）：10−20.

[69] Ding F X, Yin Y X, Wang L P, et al. Confinement coefficient of concrete-filled square stainless steel tubular stub columns［J］. Steel and Composite Structures, 2019, 30（4）：337−350.

[70] 纪官运. 不锈钢管混凝土构件承载力计算方法及应用［D］. 大连：大连理工大学，2018.

[71] 段文峰，赵龙，冷捷. 圆不锈钢管再生混凝土短柱轴压承载力有限元分析［J］. 吉林建筑大学学报，2017，34（2）：9−12.

[72] Feng Zhou, Ben Young. Concrete-filled aluminum circular hollow section column tests［J］. Thin-Walled Structures, 2009, 47：1272−1280.

[73] 宫永丽，查晓雄. 新型金属管混凝土柱力学性能研究Ⅱ：轴压长柱稳定系数的研究［J］. 建筑钢结构进展，2012，14（3）：19−25+64.

[74] 宫永丽. 常用金属管混凝土柱力学性能的试验和理论研究 [D]. 哈尔滨：哈尔滨工业大学，2011.

[75] 陈宗平，李健成，周济. 内置碳钢不锈钢管海洋混凝土柱轴压试验及承载力计算 [J]. 材料导报，2024，38（12）：215－223.

[76] 高献，王晖，宋培，等. 电力火灾后圆端形不锈钢管混凝土柱轴压性能研究 [J]. 建筑钢结构进展，2024，26（6）：76－83.

[77] 马海兵，胡永胜，张文浩，等. 不锈钢管再生混凝土短柱轴压力学性能研究 [J]. 兰州理工大学学报，2023，49（6）：129－137.

[78] 查晓雄，宫永丽. 新型金属管混凝土柱力学性能研究Ⅰ：轴压短柱强度承载力的研究 [J]. 建筑钢结构进展，2012，14（3）：12－18+35.

[79] 付明春. 常用金属管混凝土柱力学性能试验和理论探究 [J]. 哈尔滨师范大学自然科学学报，2014，30（6）：79－82.

[80] 徐杰. CFRP 缠绕铝合金管混凝土受弯构件静力性能试验研究 [D]. 泉州：华侨大学，2016.

[81] 吴鹏. 冻融循环作用后铝合金管混凝土轴心受压构件力学性能研究 [D]. 重庆：重庆交通大学，2018.

[82] 李斌，张乐均，高春彦. 圆钢管混凝土短柱与中长柱界限长细比试验研究 [J]. 混凝土，2018（1）：9－11.

[83] 中华人民共和国国家标准. 混凝土物理力学性能试验方法标准：GB/T 50081—2019 [S]. 北京：中国建筑工业出版社，2019.

[84] 秦国鹏，王连广，周乐. GFRP 管混凝土组合柱轴压性能研究 [J]. 工业建筑，2009，39（10）：72－75.

[85] 曾岚，李丽娟，陈光明，等，GFRP－再生混凝土－钢管组合柱轴压力学性能试验研究 [J]. 土木工程学报，2014，47（S2）：21－27.

[86] R. F. Gibson. Principles of composite material mechanics [M]. Boca Raton CRC Press，2015.

[87] L. Lam，J. G. Teng. Strength models for fiber-reinforced plastic-confined concrete [J]. Journal of Structural Engineering，2002，128（5）：612－623.

[88] 陈冠君，黎明. 带肋铝合金管混凝土轴压短柱受力性能分析 [J]. 特种结构，2023，40（5）：13－19.

[89] 陈宗平，宋春梅，莫琳琳，等. 铝合金管螺旋筋海水海砂混凝土短柱轴压性能及承载力计算 [J]. 建筑结构学报，2024，45（2）：136－147.

[90] 曾翔，吴晚博，霍静思，等. 圆铝合金管混凝土短柱轴心受压承载力研究 [J]. 工程力学，2021，38（2）：52－60.

[91] Z. Z. Liu，Y. Y. Lu，S. Li，et al. Axial behavior of slender steel tube filled with steel-fiber-reinforced recycled aggregate concrete [J]. Journal of Constructional Steel Research，2019，162：105748.

[92] Y. C. Tang，S. Fang，J. M. Chen，et al. Axial compression behavior of recycled-aggregate-concrete-filled GFRP-steel composite tube columns [J]. Engineering Structures，2020，216：110676.

［93］ 王玉镯，傅传国．ABAQUS 结构工程分析及实例详解［M］．北京：中国建筑工业出版社，2010.

［94］ 庄拙，由小川，廖剑晖，等．基于 ABAQUS 的有限元分析和应用［M］．北京：清华大学出版社，2009.

［95］ 王志滨，陶忠，韩林海．初始缺陷对薄壁方钢管混凝土轴压力学性能的影响分析［J］．工业建筑，2006，36（11）：19－22.

［96］ 韩林海．钢管混凝土结构-理论与实践（第 3 版）［M］．北京：科学出版社：2016.

［97］ 中华人民共和国国家标准．混凝土结构设计规范：GB/T 50010—2010［S］．北京：中国建筑工业出版社，2010.

［98］ 刘巍，徐明，陈忠范．ABAQUS 混凝土损伤塑性模型参数标定及验证［J］．工业建筑，2014，44（S1）：167－171+213.

［99］ 沈观林，胡更开，刘彬，等．复合材料力学（第 2 版）［M］．北京：清华大学出版社，2013.